# 零基础学会素描建筑

陈晓杰◎主编

赵龙　孙文明◎著

江苏凤凰科学技术出版社 · 南京

**图书在版编目（CIP）数据**

零基础学会素描建筑 / 陈晓杰主编；赵龙，孙文明
著. — 南京：江苏凤凰科学技术出版社，2023.5
ISBN 978-7-5713-3460-4

Ⅰ.①零… Ⅱ.①陈… ②赵… ③孙… Ⅲ.①建筑画
—素描技法 Ⅳ.①TU204.111

中国国家版本馆CIP数据核字（2023）第034244号

**零基础学会素描建筑**

| | |
|---|---|
| 主　　　编 | 陈晓杰 |
| 著　　　者 | 赵　龙　孙文明 |
| 责任编辑 | 洪　勇 |
| 责任校对 | 仲　敏 |
| 责任监制 | 方　晨 |

| | |
|---|---|
| 出版发行 | 江苏凤凰科学技术出版社 |
| 出版社地址 | 南京市湖南路1号A楼，邮编：210009 |
| 出版社网址 | http://www.pspress.cn |
| 印　　　刷 | 天津旭丰源印刷有限公司 |

| | |
|---|---|
| 开　　　本 | 787 mm×1 092 mm　1/16 |
| 印　　　张 | 10 |
| 字　　　数 | 160 000 |
| 版　　　次 | 2023年5月第1版 |
| 印　　　次 | 2023年5月第1次印刷 |

| | |
|---|---|
| 标 准 书 号 | ISBN 978-7-5713-3460-4 |
| 定　　　价 | 39.80元 |

　　"廊腰缦回，檐牙高啄。各抱地势，钩心斗角。盘盘焉，囷囷焉，蜂房水涡，矗不知其几千万落。长桥卧波，未云何龙？"杜牧的《阿房宫赋》把中国古典建筑描绘得有了灵魂。其实每一座建筑，或恢宏，或幽静，或富丽，或雅致，都是有灵魂的。每一座建筑，都想找到与它最相契合、彼此欣赏的知音。我们就是欣赏它的人，我们用手上的画笔来描绘建筑之美。

　　这是一本专门为零基础的建筑素描爱好者精心编写的教程书。书中从最基础的素描知识开始讲起，由浅入深、循序渐进地引导读者进入精彩纷呈的建筑素描艺术世界。本书先系统讲述了透视、构图、光影和比例的基础知识，然后带领读者从建筑的局部开始刻画练习，逐步掌握建筑整体乃至建筑群落的刻画方法，手把手地教读者选择和运用恰当的表现手法及构图去描绘建筑物，让读者从临摹中轻松学会素描建筑。

书中案例都是经过精心挑选的古今、中西人类建筑艺术之精粹。由于案例风格的多样性，本书特别设置了建筑风格的讲解版块，方便读者了解所临摹建筑的厚重历史与文化内涵。

这本书从开始筹备，到最终出版，历时近一年时间。这期间得到了赵怡昕、牟洪禾、张高飞等友人的支持与帮助，在此，我要对他们表示由衷的感谢。同时，我也要感谢出版社的编辑老师们，是他们不厌其烦地修改方案、挑选素材和细致耐心地编审，最终才促成了本书的顺利出版。

这本书的出版于我而言意义非凡。能将自己这些年的拙见浅识汇集成书，供学人研习之用，实乃人生幸事。如果读者朋友阅读本书能有所收获，那将是对我最大的鼓励。另外，由于本人水平有限，本书可能还存在着这样或那样的缺点和不足，敬请广大读者朋友批评、指正。

# 目 录 | CONTENTS

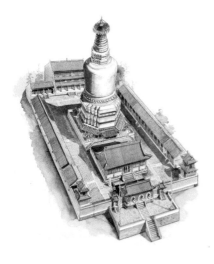

# CHAPTER 3 建筑局部

# 建筑小景

# 实战绘制

# CHAPTER 1 绘前准备

　　素描建筑，顾名思义，就是以素描的绘画形式表现建筑，它需要绘者严格地把控建筑外形轮廓线的视觉感，更注重透视、比例、线条等结构元素，可以直观地展示建筑的细节和韵味。

　　所谓"工欲善其事，必先利其器"。在这里，"器"并不只是素描工具，更多的是绘者的观察能力，所以本章先讲如何观察所要描绘的对象，逐一讲解常用的几种观察方法，然后介绍一些素描建筑必备的绘画工具。

# 1.1 如何观察

　　画素描需要眼、脑、手三者的统一配合，其中"眼"代表着观察力和眼力。在绘画中，很多的问题都是由于绘者错误、片面的观察而产生的，所以拥有一套正确、科学的观察方法必不可少。敏锐的观察能力是绘者必须具备的首要条件，眼力、观察力是素描入门的重要基础。

## 1.1.1 整体的观察

　　不聚焦所见物体的任何一个局部，把视线散开，这时会看到一个大的概括形状——物体的轮廓，这就是整体观察，它是通过第一眼印象产生的、不经过任何思考分析的观察。就好比下雨天隔着玻璃看窗外的风景一般，能看到的只是窗外风景最明显的大致轮廓。

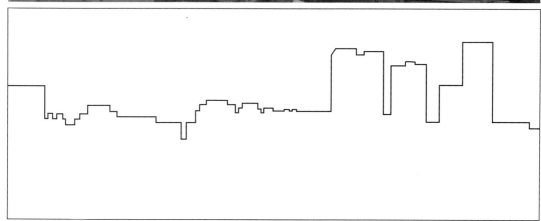

城市建筑的轮廓线

　　通过整体观察可以很快地确定所画物体的大致形状，这也是作画的第一步——打形。之后就是填充局部细节，这个过程也要基于整体观察，在"大的概括形状"中有顺序、有层次地画出"小的次要形状"。一般近处画面细节比较丰富，远处的则要简略一些。

从整体观察所绘物体时需要学会控制视线，其中眯眼观察是一个很实用的方法。绘者眯着眼睛，模糊局部细节，画出看到的轮廓即可。还可以将眼睛与画作拉开一定距离，用眯眼观察法检查画面的整体效果。

局部细节要在大的轮廓里有层次地填充

## 1.1.2 理性的观察

理性的观察是排除常识认知干扰的观察。有时人看到的事物会和常识发生冲突，如果作画时以常识为主导，那么画出的作品反而不美观、不科学。比如右图中，三栋楼在常识认知中是一样高的，但在观察中由于视觉角度的原因，呈现出的画面中三栋楼是高低错落的。只有依据眼睛观察到的信息进行绘制，画出的作品才会符合素描的要求。

理性的观察有时需要精准的数据来辅助，对比测量法是素描观察中常用的测量方法，利用画笔为测量工具，先测出物体一部分的长度，以此为参考，对其他部分进行测量，得出它们之间的比例关系，进而应用到作画中。注意，测量长度不是测量物体的实际长度，也不是测量它在画面上的长度。

利用对比测量法不仅可以测量出物体的长度比例，也能测出物体的走向及角度。比如下图中，如果要画公路，需要先用铅笔比出公路的角度，观察其与水平线和垂直线的关系。

原景中的三栋楼

3

对比纵向位置、比例　　　　　　对比横向位置、比例　　　　　在原景中的实测角度

### 1.1.3 选择性观察

　　选择性观察其实就是一个比较的过程，通过同一景物在不同位置、光线下的比较，选择一个适合作画的场景。

　　在素描建筑中，随着观察角度的不同，建筑显现出的样子也有所区别。在下面两幅图中，同一栋公寓，因观察距离的改变，整体线条也会随之改变，与之相对的，近处的楼体细节也更丰富。

较近距离下的公寓　　　　　　　　　　　较远距离下的公寓

　　作画时，如果很难找到所画建筑的最佳画面，可以试一试在不同的时间段观察它。比如白天和夜晚，由于光线的不同，建筑的明暗会有截然不同的表现。

白天的丽江古城　　　　　　　　　　　夜晚的丽江古城

选择性观察可以将注意力集中在想要绘制的建筑上，也可以把焦点放在其他事物上，反衬出建筑。如下图所示，可以直接画出建筑，也可以用开阔的公路反衬出左边的建筑。

表现主题为建筑时的视角

表现主题为公路时的视角

## 1.1.4 透过表面观察建筑内部

这是一种透过表面"看到"建筑内部结构的观察方法。这里的"看到"当然不是真的看到，而是一种对观察对象内部构造的客观认知。作画时，只有对所画建筑的基本构造有一定了解，才能更好地表现建筑的形体结构。

建筑的内部构造

# 1.2 工具介绍

本节介绍建筑素描常用工具的基础知识，为后面深入学习打基础。

## 1.2.1 画笔

### 1. 画笔的分类

本书所讲的素描案例都是用铅笔作为主要素描工具，以炭笔作为辅助素描工具（起形）的。所以本节主要介绍铅笔与炭笔这两种画笔。

#### （1）铅笔

铅笔是素描中最常用的画笔。铅笔的笔芯用石墨和黏土制成，有各种品牌，有颜色深浅和质地软硬之分。B代表"black"，B的数值越大，表示颜色越深；H代表"hard"，H的数值越大，表示笔芯越坚硬。

铅笔容易控制，能画出精美的线条、排线等效果，但鉴于笔芯材质的原因，颜色上到一定程度会有反光。

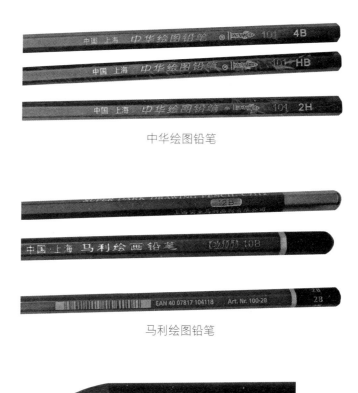

中华绘图铅笔

马利绘图铅笔

纯铅绘图笔（没有木杆）适合表现大面积阴影等，上色速度快

## （2）炭笔

炭笔的种类很多，笔芯由木炭粉制成，有软性、中性、硬性之分。炭笔的颜色很深，容易着色，适合大面积上色或快速表现。炭笔是众多大师画家画素描稿的首选，画面不会反光，有很强烈的表现效果，但炭笔的精细程度不如铅笔。

炭笔

## 2.执笔姿势

### （1）直握

直握就是我们日常书写的握笔姿势，食指和中指配合大拇指将笔握住，手自然地放于纸上。

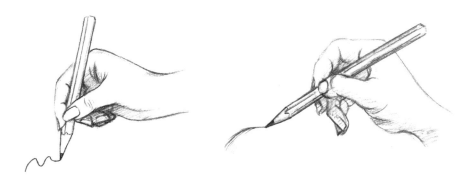

### （2）侧握

侧握时，食指、中指、无名指、小指自然向内弯曲，和拇指一起将笔夹住，笔杆放于手掌的下方，手腕悬空。这种姿势适合将画板竖起时用，或者配合画架使用，在手腕和手臂的配合下使用画笔。

侧握执笔姿势适合画长线条，画出的线条显得较为平稳，可以收放自如，使线条灵活多变，有虚有实。

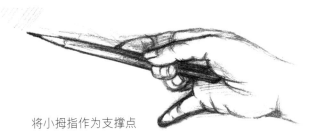

将小拇指作为支撑点

侧握式执笔

初学者使用侧握式执笔姿势时可能会因为手不稳而影响使用，这时可以用大拇指、食指和中指夹住笔杆，小拇指垫在下方作为支撑点。

### 3. 铅笔素描与其他画笔素描的区别

本书所讲述内容以铅笔素描为主（部分案例用炭笔），不过其他画笔素描可以表现出迥异于铅笔素描的艺术效果。下面我们就来对比一下铅笔素描与其他画笔素描的呈现效果。

首先，我们来对比一下不同画笔的笔迹区别。

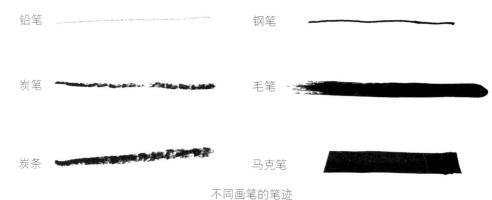

不同画笔的笔迹

铅笔素描可以表现出无与伦比的细腻感，这是其他画笔素描所无法比拟的优势。

铅笔素描

炭条表现出的画面灰度对比强，色彩明快；炭笔表现出的画面其画面感强；钢笔表现出的画面线条灵动；水墨素描表现出的画面更随意；马克笔表现出的画面线条更放松。

炭条素描

炭笔素描

钢笔素描

水墨素描

马克笔素描

用两种不同种类的画笔创作的素描作品往往有鲜明的特征。例如，用钢笔加马克笔表现出的画面粗中有细；钢笔加水墨表现出的画面相对细腻，更有层次感。

钢笔加马克笔素描

钢笔加水墨素描

## 1.2.2 擦抹工具

擦抹工具是靠摩擦力将附着在纸面上的炭粉擦抹均匀的工具。擦抹工具用得好，能表现出很好的画面效果。

擦抹前                                          擦抹后

常用的擦抹工具有纸擦笔和纸巾，下文将详细介绍这两种擦抹工具。

### 纸擦笔
纸擦笔由纸卷制而成，然后将两头或一头削尖，用来擦抹画面和刻画细节，得到特殊的画面效果。

纸擦笔

### 纸巾
纸巾用来擦抹画面上的颜色，绘画完成后，在需要处理的部分用纸巾进行擦拭，会形成模糊的画面效果。

纸巾

## 1.2.3 橡皮

素描的修改工具是橡皮，接下来简单介绍一下橡皮的相关知识。

### 1.橡皮的分类
传统橡皮可分为硬橡皮、软橡皮（可塑橡皮），它们是素描作画最常用到的修改工具。近年来市场上出现了一些新型橡皮，如笔式橡皮、电动橡皮等，这些也可以作为素描修改工具使用。

**（1）硬橡皮**

硬度较高，擦除效果明显，适用于修改大面积的多余痕迹。因其硬度较高，在擦除大面积的痕迹时应单向轻擦，以免擦伤纸面。

**（2）软橡皮（可塑橡皮）**

硬度较软，可捏成各种形状，适用于处理细节、减弱灰度，还可以用来粘吸纸上的炭灰。由于其硬度较软，几乎不会损伤纸面。

硬橡皮　　　　　　　　　　　　软橡皮（可塑橡皮）

**（3）笔式橡皮**

一种酷似铅笔的新型橡皮，可以像削铅笔一样削尖它，主要用来修改一些细小的地方，不适用于大面积修改。

笔式橡皮

**（4）电动橡皮**

近年来新出现的一种新型橡皮，比传统橡皮省力。和笔式橡皮一样，只适用于处理一些比较细小的地方，不适用于大面积修改。

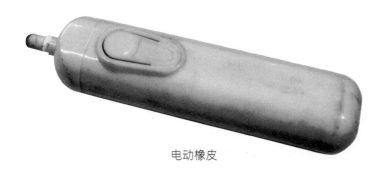

电动橡皮

13

### 2.橡皮在素描中的作用

在素描中橡皮的主要作用当然是用于修改错误之处，但除此之外还可以用来表现绘画效果。比如，硬橡皮可以擦出高光，电动橡皮可以擦出高光点和各种图案，软橡皮（可塑橡皮）可以用于擦出过渡区域。具体效果可参考下图。

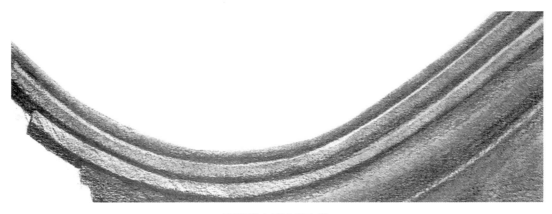

用硬橡皮擦出高光线

用电动橡皮擦出形状

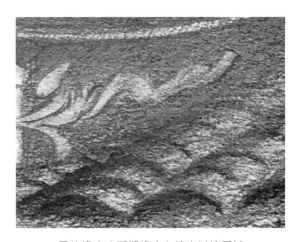

用软橡皮（可塑橡皮）擦出过渡区域

# 画面安排

　　画面的安排，也指画面经营，意味着要在有限的画面空间里设计画面元素的位置、表现角度、结构、光影等，是动笔之前要做的一项重要工作。本章从透视、构图及表现手法等多种方面入手，来介绍如何对建筑素描的画面进行构思和安排，让画面呈现出最佳的表现效果，突出建筑的特征。

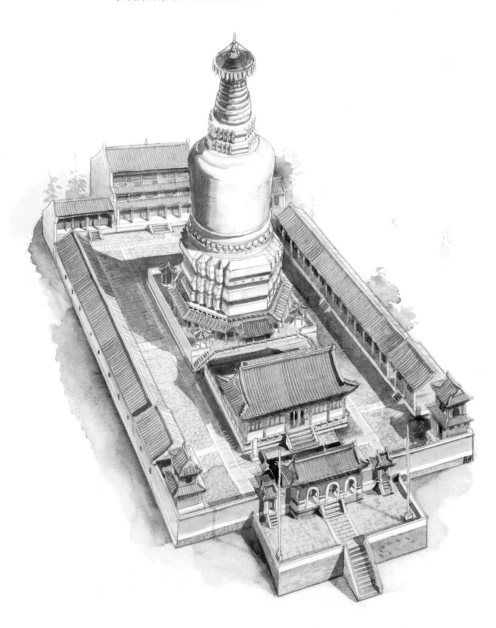

# 2.1 透视原理

刚刚接触建筑场景绘制的时候，常常会碰到人物不"站"在地面上，建筑和人物不在同一个平面上的情况，给人一种"悬浮"的感觉。其次是描绘建筑物的时候，楼房东倒西歪，后边的结构往前边倒等。这都是由于透视不准确，也就是我们的观察方式不准确造成的。

在建筑素描中我们多用西方传统焦点透视法理解透视原理，熟练应用透视观察方法和表现方法。

## 2.1.1 一点透视

一点透视因为画面中只有一个消失点而得名，是绘画中最常见到的透视关系。

可以想象在一个空间中有一个无数条光（线）收缩的点，这个点就是"消失点"。这个空间中物体的所有透视关系都可以在向消失点收缩的延长线上体现。

根据你所在的位置，眼睛能观察到的物体的面的形态是不同的。以自己的视平线为标准，低于视平线的物体可以看到其顶部的面，高于视平线的物体可以看到其底部的面。

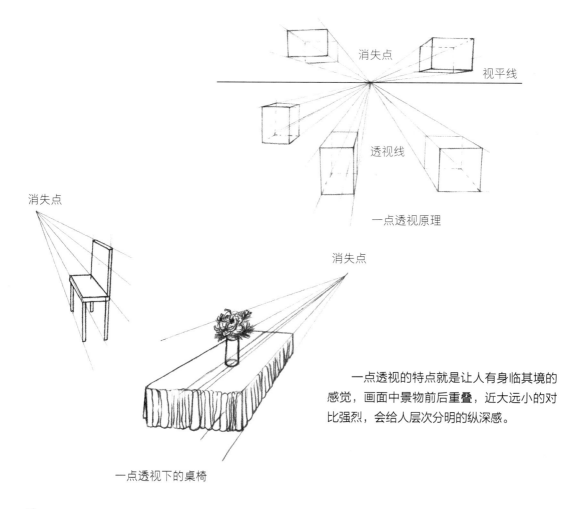

一点透视的特点就是让人有身临其境的感觉，画面中景物前后重叠，近大远小的对比强烈，会给人层次分明的纵深感。

一点透视下的桌椅

## 2.1.2 两点透视

两点透视，即成角透视。在平行透视中假设所有的物体都是平行摆放的，而实际物体与画面常常会成一定的角度，因此运用两点透视就能较准确地表现一个物体。

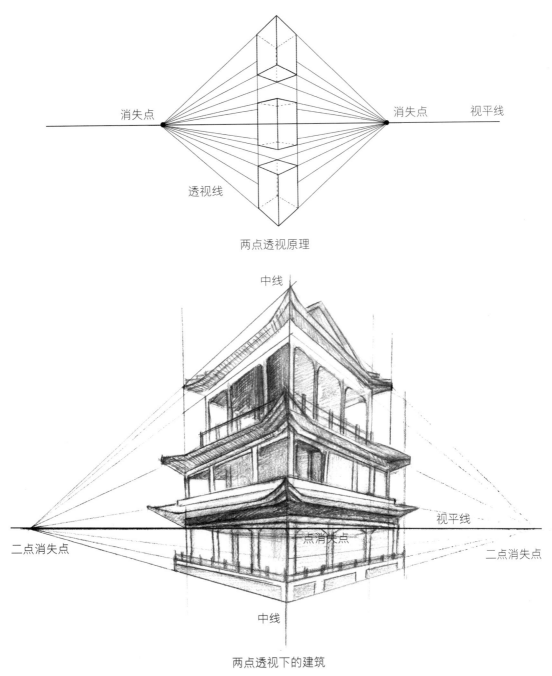

两点透视原理

两点透视下的建筑

两点透视效果比较自由、活泼，能呈现出比较接近于人在现实场景中观察物体时的感觉。缺点是角度选择不好的话，容易使物体变形。

### 2.1.3 三点透视

三点透视一般用于建筑的俯瞰图或仰视图。它的第三个消失点必须在和画面保持垂直的主视线上。

消失点

消失点 消失点

消失点 消失点

消失点

三点透视原理

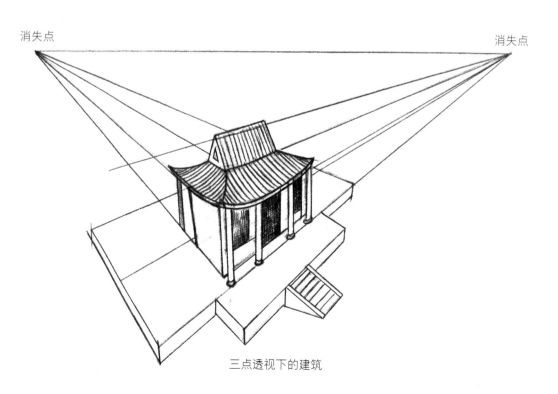

消失点 消失点

三点透视下的建筑

# 2.2 构图原理

任何门类的手绘艺术都需要合理的构图。所谓构图，就是把要表现的对象与用于衬托对象的其他元素用最适宜的方式组织起来，构成一幅协调、完整的画面。一幅优秀的建筑素描作品离不开合理的构图。本节内容专门讲述建筑素描中的构图。

## 2.2.1 视觉角度

从不同的角度观察物体，能得到不同的画面。视觉角度的变化会改变画面的构成语言，从而产生各种鲜明且层次分明的画面效果。选择适宜的视觉角度有助于增强画面的张力。

一般情况下，当试图表现所刻画对象的高耸、雄伟时，应该选择仰视的视角。如果想表现所刻画对象的复杂纵深，应该选择俯视的视角。当试图表现所刻画对象的细节时，宜选择平视的视角。

仰视

俯视

平视

## 2.2.2 虚实变化

### 1. 距离远近产生的虚实变化

在实际观察中，物体会随着距离变远，在形状、体积上产生收缩，直至模糊消失的透视现象。在素描中也要遵循这一视觉现象。

如下图所示，街道近处的景物应该画得清晰，从中景开始要逐渐虚化，远景的景物要处理得简洁、模糊，最远处虚化成简单的轮廓。

再如下图，这是一幅滕王阁的速写，滕王阁在近处，要表现得清晰，远处赣江上的船只和道路要虚化处理。

## 2. 强化表现对象的虚实变化

在素描中，除了根据所刻画对象距离的远近而产生的虚实变化外，还可以为了突出表现对象而忽视距离，有选择性地表现虚实关系。这种为了强化主要表现对象而营造的虚实感在实际的视觉观察中是不存在的，但在素描中，这是一种合理的艺术表现手法。

如上图这幅素描作品，画面中的视觉主体是中景中的亭子，而不是近景中的石桥，所以为了突出表现主体，在画面中故意虚化了按照距离而言本应该表现得更为细致的石桥。

### 2.2.3 如何在纸面上构图

在纸面上构图的方法很多，下面介绍几种常用的构图方法。

**1. 构图方式**

◎一角式构图

其特点是建筑主体占画面一角，留白较多，显得画面空灵。

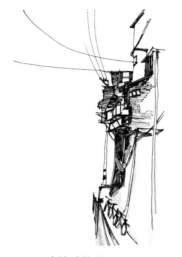

◎半边式构图

其特点是建筑主体约占画面一半，常用电线、树枝等物体平衡画面。

◎高远式构图

其特点是采用仰望视角，以此表现建筑的高大，常和三点透视结合使用。

◎平远式构图

这种构图方式通常采用直视略带俯视的视角，一般用于表现一河两岸或一条路前后的建筑，使表现对象有层次感，前面的建筑和后面的建筑左右分开，分割画面。

◎深远式构图

这种构图方式常用来表现街道或峡谷深邃的进深感，常结合一点透视使用。

◎竖构图

　　当临摹的建筑很高时，在构图时选择竖构图会更完整地表现建筑。如左图中的西安大雁塔。

◎横构图

　　当临摹的建筑横向长度明显大于纵向高度时，在构图时应选择横构图。如上图中的牌坊从正面来看本身是横向的，故而选择横向构图。

◎删除法构图

确定主体物后,可以删除周围次要部分,以突出主体。

例如上图,城墙前的车和城楼边上的瞭望塔台,因画面需要,可以删除,不画入画面,或只概括性地画出局部(如图中的车辆)。

◎组合法构图

可以将两张或多张照片中不同的景物组合在同一个画面中。这种构图方法一般用在刻画非现实的场景中。

## 2. 构图注意事项
### （1）构图不合理的实例
下面列出一些构图不合理的情况，在实际应用中应尽量避免。

建筑主体过大，会导致画面过满。

建筑主体偏离视觉中心，会显得构图怪异，使画面不"稳"。

建筑主体过小，画面会显得太空。

建筑主体偏上，会显得头重脚轻。

通过调整建筑主体的大小、位置等，可使构图合理、完整。

**（2）选用不同的主题产生不同的构图形式**

在写生时选择不同的主题，会产生不同的构图形式。应根据所要表现的主要对象来确定构图形式。

上图中景色以整体全景园林为主体，包含的对象较多，其构图不能仅表现局部，还要考虑场景的进深感。所以采用下图中的深远式构图是适宜的。

若以左下图中的飞檐为表现主体，则可以采用删除法（如右下图）。这种构图方法可以屏蔽掉次要部分，突出主体。

# 2.3 光影及比例的表现

　　建筑的立体感是通过光影表现出来的，同时要掌握好建筑比例。一幅生动的建筑素描作品离不开光影及比例的表现。

## 2.3.1 光影基础

　　光在不同的角度、位置照射建筑时，建筑的亮部、暗部、投影等位置都不同。具体可见下图。

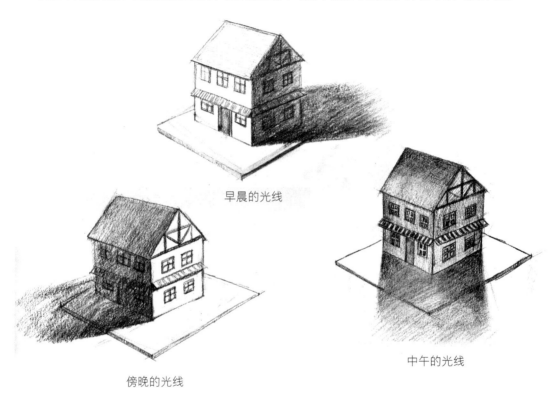

早晨的光线

中午的光线

傍晚的光线

　　下面以北京天坛举例，看一下它在中午、傍晚和夜间的光影变化。

中午　　　　　　　　　　　　傍晚　　　　　　　　　　　　夜间

下图为天坛在晴天、雾霾等不同情况下的光影变化。

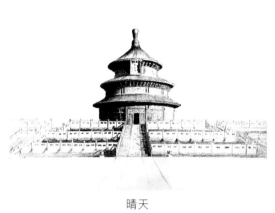

晴天

雾霾

## 2.3.2 通过排线变化表现光影与质感

（错误演示）

素描中的排线要均匀，中间颜色深，两头颜色浅，多次叠压后过渡柔和，不会生硬。

排线近乎平行，中间可以有间隙也可以没有（上图中中间的图所示为错误画法）。

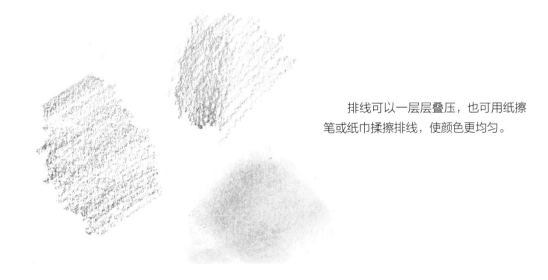

排线可以一层层叠压，也可用纸擦笔或纸巾揉擦排线，使颜色更均匀。

下图用一些建筑细节的素描实例来演示如何用排线变化来表现不同的光影与质感。

细密排线，对比要强，反光突出，表现出金属质感。

这里按结构走向排线，用纸擦笔擦出色调柔和的效果，用橡皮提亮高光，表现出琉璃瓦的质感。

这里的排线整齐，同时转折突出，通过加深笔触勾画出石材裂缝。将橡皮用小刀切出尖，擦出细小的亮面，可以更好地表现石材的质感。

### 2.3.3 找准建筑物比例

　　素描建筑时一定要找准建筑物的比例，如果拿不准，可以通过现场写生或所拍的照片来仔细观察建筑物的比例，然后再下笔。

　　下面以北京天坛祈年殿为例来演示正确的建筑物比例与错误的建筑物比例。

　　上图为祈年殿的准确比例。

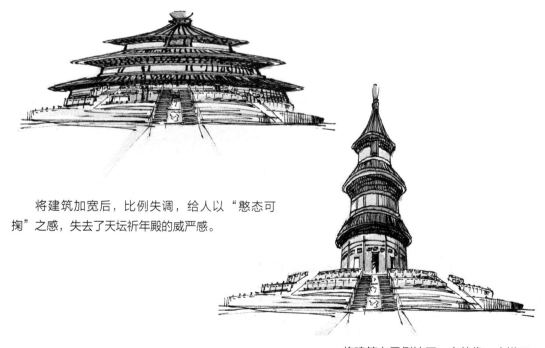

　　将建筑加宽后，比例失调，给人以"憨态可掬"之感，失去了天坛祈年殿的威严感。

　　　　　　　　　　　　将建筑向里侧挤压，它就像一座塔了。

# 建筑局部

　　一幢建筑往往体积庞大，而画面尺寸有限，为了细致表现建筑某些细节的特征，有时需要对建筑的局部进行特写，因此建筑局部的刻画就显得尤为重要。本章选取了一些典型的中式和西式建筑作为素描对象，介绍对建筑局部进行素描表现的方法。

# 3.1 陕北窑洞门窗

在中国西北的黄土高原上，这里的居民利用高原有利的地形，凿洞而居，创造了窑洞建筑。窑洞是黄土高原的产物、陕北人民的象征，这种建筑沉积了陕北古老的黄土地文化。

## 3.1.1 建筑特色

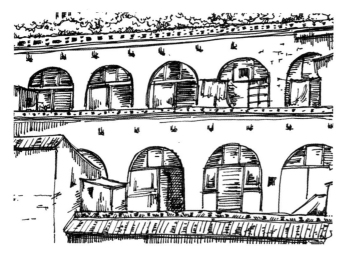

窑洞的门窗一般是一门三窗或一门两窗，靠窑顶的是天窗。门内炕靠窗，门外立烟囱。炕靠窗一是为了出烟快，利于保护窑洞环境；二是为了光线充足，方便居民做针线活。

这种沿崖式窑洞是沿山边及沟边一层一层开凿窑洞，其结构常呈现曲线或折线排列形式，表现出和谐美观的建筑艺术效果。

## 3.1.2 窑洞门窗局部刻画

　　陕北窑洞是中国传统建筑艺术的重要组成部分，窑洞上的门窗被喻为"窑洞建筑的眼睛"。随着时代的变迁，窑洞门窗的风格不断发展、演变，装饰形式越发多样，但无论如何变化，其吉祥美好的寓意始终不变。这也是在门窗绘制过程中需要绘者注意的。

2B铅笔

**1** 勾勒出窑洞门窗的大致外形，注意下笔的力度较轻，画出的线条流畅且直而长。

2B铅笔

**2** 刻画门窗的轮廓线，添加门窗格子细节，暗面的线条可适当加深灰度，丰富画面。擦除多余的辅助线，使画面整洁。

2B铅笔

**3** 加深门窗暗面部分，在画出调子的同时细化出门窗的木质质感。

**4** 用纸擦笔擦出门窗暗面部分和灰面部分，亮面留白，使画面相对完整。

4B铅笔

**5** 用橡皮提亮亮面，继续用铅笔在门框上部加深调子，使画面黑、白、灰分明，体现木门的立体感。

# 3.2 故宫角楼之檐

角楼是紫禁城的标志之一，它各部分对称均匀，比例和谐，檐角秀丽奇巧，整体玲珑别致。角楼又是我国古典建筑艺术的典型代表，集精巧的建筑结构和浓厚的京派建筑艺术于一身，九梁十八柱七十二条脊的建筑特色，使人惊叹与敬仰。

## 3.2.1 建筑特色

鎏金宝顶不仅美观，还起着避雷、稳定建筑的作用，其浑圆一体的模样，蕴含着古人"天圆地方"的朴素天文观，更有吉祥如意的美好寓意。

角楼的梁枋以龙锦枋心墨线大点金旋纹彩画为饰，下有三交六椀菱花隔扇门和槛窗，整体装饰色多以红黄为主，其风格庄重威严，区别于南方的精致淡雅。

## 3.2.2 角楼局部刻画

歇山顶是两坡顶加周围廊形成的屋顶式样。角楼由多个歇山顶组成复合式屋顶，覆黄琉璃瓦。绘制时要注意两边坡顶的虚实——近实远虚。其檐脊有鸱吻，需着重刻画，表现出鸱吻表面的凹凸不平。

2B铅笔

10B铅笔

**1** 勾勒出屋檐的大致轮廓线，如画不准，可多画些辅助线，留下精准的一条轮廓线即可。

**2** 大致分出屋檐的暗面、灰面。先整体画出灰面、暗面，在灰面调子基础上加深，亮面留白。

**3** 用纸擦笔擦拭之前画出的调子，着重擦拭灰面，使画面色调柔和，注意保持整洁。

4B铅笔

2B铅笔

**5** 刻画屋檐的纹饰和屋脊的"人"字边线。

**4** 加深暗面和投影部分，画出屋檐柱体等结构的灰面部分，再用斜切后的橡皮提亮亮面，使屋檐更加立体。

**小提示：**刻画边线时要根据近实远虚的原则，前面部分用铅笔细画，后面部分的暗面、灰面略微加深即可。

4B铅笔

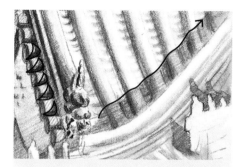

**细节展示：** 根据屋檐纹饰和脊柱特点细致地画出明暗调子，强化屋檐的整体结构，体现出其质感。

6 加深屋檐下的暗面部分，再明确每个细节部分的明暗面。

HB铅笔

7 整体观察屋檐，继续丰富画面，用纸擦笔稍稍削弱暗部，使画面更柔和。亮面用橡皮提亮，最后轻轻刻画细节，略加修改即可。

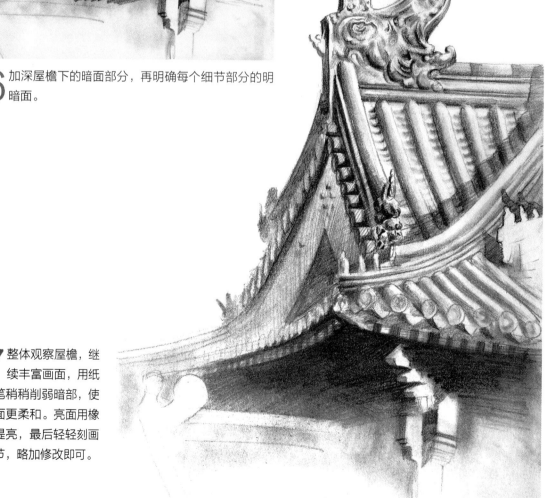

# 3.3 徽州印象之马头墙

提到徽州，最先引入脑海的当属徽派建筑了。层叠有致、粉墙黛瓦是徽派建筑风格的特色，其中所结合的石、砖、木三种雕刻，更是让黑白色的建筑融入了一种低调的奢华美。

## 3.3.1 建筑特色

为防止大门被雨淋，在大门上部会依墙建一个凸出而有翘角的门楼，门楼与大门上方的门框有一定的距离，如同大门的"帽子"，"帽子的做工"体现了宅子主人的地位。

马头墙又称"封火墙"。由于房屋建造密集，如果有一家着火，大火蔓延就会家家着火。将墙体建高，便是为了阻断火源。

### 3.3.2 马头墙局部刻画

马头墙墙顶为青瓦所砌，由于墙顶翘角形似马头，故称马头墙。马头墙高于屋顶，墙面为白色，墙顶瓦片为黑色，固有色分明。绘制时要着重刻画出瓦片的层叠关系，墙面虽白，同样有色调变化，绘制时注意切勿画成"灰墙"。

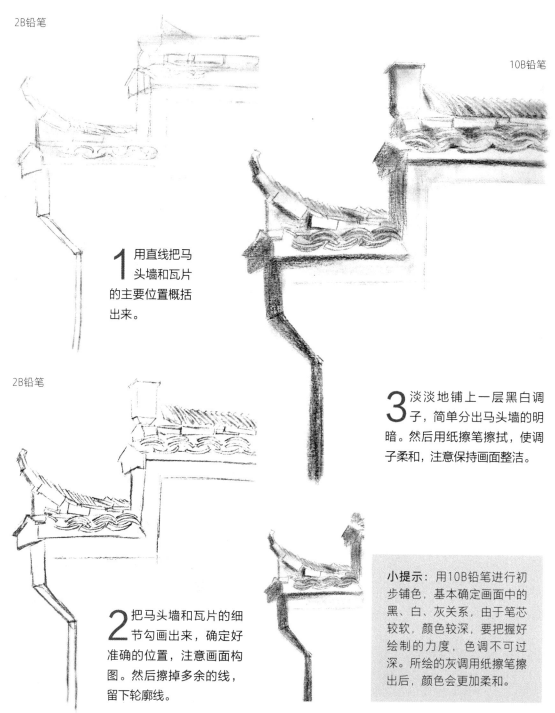

2B铅笔

10B铅笔

2B铅笔

**1** 用直线把马头墙和瓦片的主要位置概括出来。

**2** 把马头墙和瓦片的细节勾画出来，确定好准确的位置，注意画面构图。然后擦掉多余的线，留下轮廓线。

**3** 淡淡地铺上一层黑白调子，简单分出马头墙的明暗。然后用纸擦笔擦拭，使调子柔和，注意保持画面整洁。

**小提示：** 用10B铅笔进行初步铺色，基本确定画面中的黑、白、灰关系，由于笔芯较软，颜色较深，要把握好绘制的力度，色调不可过深。所绘的灰调用纸擦笔擦出后，颜色会更加柔和。

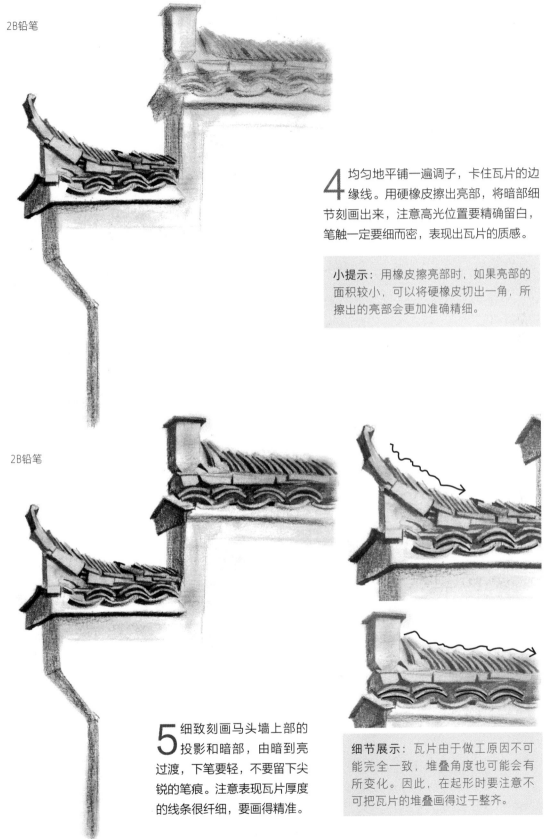

2B铅笔

**4** 均匀地平铺一遍调子，卡住瓦片的边缘线。用硬橡皮擦出亮部，将暗部细节刻画出来，注意高光位置要精确留白，笔触一定要细而密，表现出瓦片的质感。

**小提示：** 用橡皮擦亮部时，如果亮部的面积较小，可以将硬橡皮切出一角，所擦出的亮部会更加准确精细。

2B铅笔

**5** 细致刻画马头墙上部的投影和暗部，由暗到亮过渡，下笔要轻，不要留下尖锐的笔痕。注意表现瓦片厚度的线条很纤细，要画得精准。

**细节展示：** 瓦片由于做工原因不可能完全一致，堆叠角度也可能会有所变化。因此，在起形时要注意不可把瓦片的堆叠画得过于整齐。

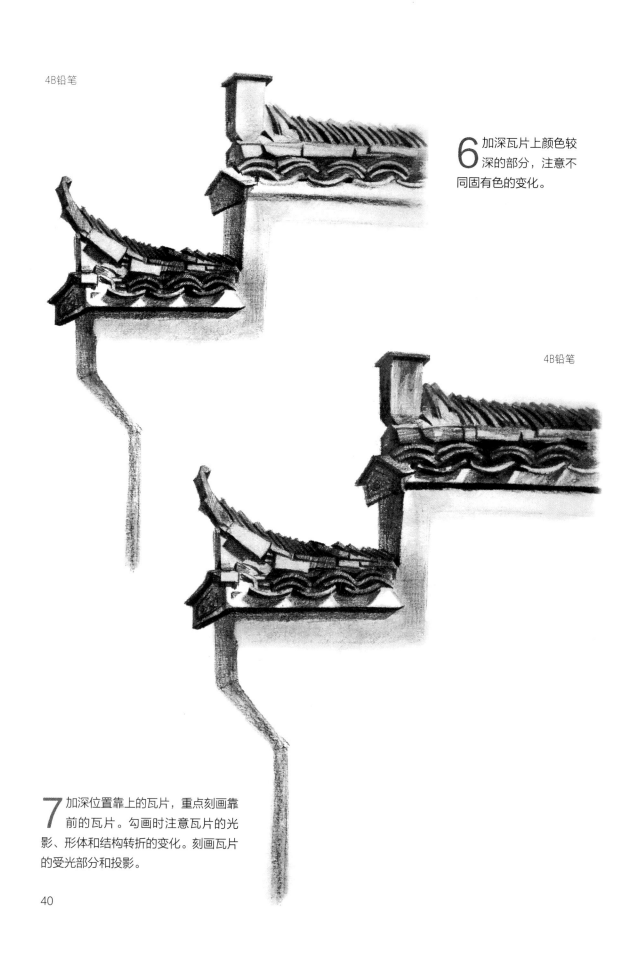

4B铅笔

6 加深瓦片上颜色较深的部分，注意不同固有色的变化。

4B铅笔

7 加深位置靠上的瓦片，重点刻画靠前的瓦片。勾画时注意瓦片的光影、形体和结构转折的变化。刻画瓦片的受光部分和投影。

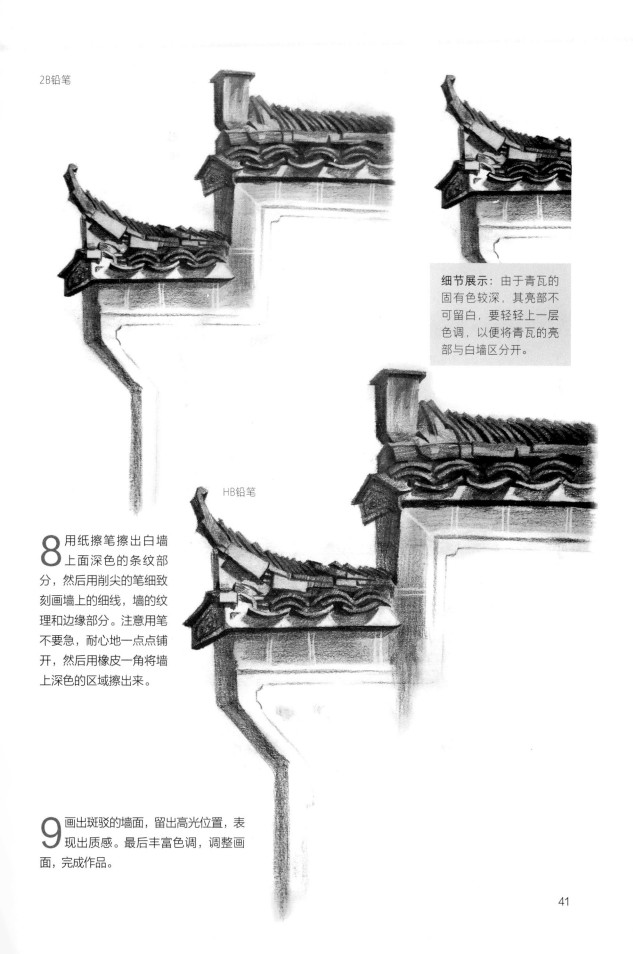

2B铅笔

HB铅笔

细节展示：由于青瓦的固有色较深，其亮部不可留白，要轻轻上一层色调，以便将青瓦的亮部与白墙区分开。

8 用纸擦笔擦出白墙上面深色的条纹部分，然后用削尖的笔细致刻画墙上的细线，墙的纹理和边缘部分。注意用笔不要急，耐心地一点点铺开，然后用橡皮一角将墙上深色的区域擦出来。

9 画出斑驳的墙面，留出高光位置，表现出质感。最后丰富色调，调整画面，完成作品。

# 3.4 苏式飞檐

　　小巧精致是苏州古典建筑的显著特点，前街后河的居住模式，加上粉墙黛瓦的色调风格，将江南水乡的气质神韵表现得淋漓尽致。其中，苏州园林以其精、秀、巧、自然的特点，享有"江南园林甲天下，苏州园林甲江南"的盛誉。

## 3.4.1 建筑特色

　　苏州古典建筑常以小巧、自由、精致、淡雅、写意见长，其运用独特的造园手法，在有限的空间里，叠山理水，栽植花木，配置园林建筑，形成"虽由人作，宛若天开"的美妙之境。

　　苏州古典建筑的翼角多为高挑飞檐，相较于北方屋檐的平直，其更自由，更有创造力。在实用方面，飞檐翘得高，可将房顶的雨水抛得远一些，以减少雨水对建筑的损害。

## 3.4.2 苏式飞檐局部刻画

飞檐为苏州古典建筑的重要表现形式之一，通过檐部的这种特殊处理和创造，不但扩大了采光面，有利于排泄雨水，还增添了建筑物向上的动感，宛若雄鹰振翅，营造出壮观的气势和特有的灵动轻快的韵味。因此在绘制中，要注意仔细刻画飞檐的弧度，表现出其灵动。

2B铅笔

2B铅笔

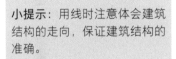

8B铅笔

**1** 画出飞檐大致的外形，画出的线条要浅、长、直。

**小提示：** 可用辅助线定好位置，之后擦掉多余线条，保留飞檐的轮廓线。

**2** 继续画出细节部位的结构线，使画面趋于完整。

**小提示：** 用线时注意体会建筑结构的走向，保证建筑结构的准确。

**3** 画出飞檐的暗面，强调檐顶砖瓦和飞檐檐翘部分。

4B铅笔

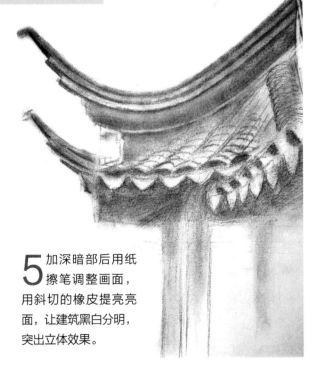

**4** 用纸擦笔擦出暗部，使画面柔和，方便后面添加细节。

**5** 加深暗部后用纸擦笔调整画面，用斜切的橡皮提亮亮面，让建筑黑白分明，突出立体效果。

6 用橡皮细化建筑外形，擦除多余的线条；用铅笔修饰飞檐的外形，以体现飞檐轻巧、灵动的画面效果。

HB铅笔

4B铅笔

**细节展示：**檐顶上的瓦片和飞檐下的三根柱子，处理成近实远虚的效果，强化出空间感。

7 加深暗面部分，针对每个部分要着重刻画出细节结构，如纹饰、瓦片等，体现出木材与石材的质感。

# 3.5 上海石库门

　　石库门建筑一般集中在上海的旧弄堂，是一种融汇了西方文化和上海住宅特点的建筑。这种中西合璧的建筑参考了江南地区民居的式样，以石头做门框，以乌漆实心厚木做门扇，上有铜环一副。其风格简约大方，朴实之中蕴藏着一种精致之美。

## 3.5.1 建筑特色

　　门楣是石库门建筑最为引人注目的部分，这里的装饰极为丰富，它早期模仿过江南传统建筑中的砖雕青瓦压顶门头式样，后期又受到西方建筑三角形、半圆形、弧形等几何形花饰风格的影响。

　　石库门建筑基本保持了中国传统住宅对外较为封闭的围合特征，虽处于闹市，但关起门来却可以自成一统，打破了庭院式建筑的模式。

## 3.5.2 石库门局部刻画

　　新式石库门的外墙面用砖砌成，多为青色和红色，用石灰勾缝，以区别于老式石库门的石灰粉刷。门楣因为受西方建筑风格的影响，花饰形式多样，风格各异，绘制时要着重刻画。

2B铅笔

2B铅笔

**1** 轻轻勾勒出石库门的大致外形，画出的线条要浅、长、直。

**2** 细化石库门的整体结构线，使轮廓更清晰、更立体，然后大致画出门楣的纹饰。

6B铅笔

**3** 画出灰面和暗面，留出亮面，大致地分出黑、白、灰三大面。

**4** 用纸擦笔擦出暗面与灰面，让画面显得柔和，初步塑造出立体感，便于后面刻画细节。

8B铅笔

5 画出木门，门缝留白。用斜切后的橡皮提亮亮面，增强画面的黑白对比。

8B铅笔

6 加深门楣浮雕纹饰的暗面部分，着重刻画其立体效果，然后画出石材门框的质感。

10B铅笔

7 加深木门和砖墙，排线要均匀流畅。

47

8 用纸擦笔擦出墙体的质感，分出石
  砖的深浅，再用斜切的橡皮擦出
  砖缝。

小提示：可以用干净的斜切橡皮擦
出砖缝部分，同时要及时清理画面，
保持整洁。

9 石库门底部的砖墙多为深色
  石砖，需要加深灰度。最后
再刻画门锁、门石柱等细节，使
画面更完整。

# 3.6 巴洛克之圣卡罗教堂

　　说起圣卡罗教堂，就不得不提巴洛克建筑。巴洛克建筑是17~18世纪盛行的一种建筑和装饰风格，它基于意大利文艺复兴时期的建筑，特点是外形自由，追求动态，常用穿插的曲面和椭圆形空间来设计建筑。其富丽的装饰和雕刻，加上强烈的色彩，使其具有了一种奢华的味道。

## 3.6.1 建筑特色

　　巴洛克建筑的装饰和雕刻一般具有浓重的宗教色彩，大多为宗教题材。

　　穿插的曲面和椭圆形空间是巴洛克建筑的特点之一，这种设计可以大大增强建筑本身的空间感和立体感。

　　这一点区别于洛可可建筑风格，洛可可建筑风格尤其爱用贝壳、旋涡、山石装饰。

### 3.6.2 圣卡罗教堂局部刻画

圣卡罗教堂建筑的基本构成方式是柱、檐壁和额墙在平面和外轮廓上曲线化，同时增添一些经过变形的建筑元素，如椭圆形圆盘、变形的窗户等。在绘制的过程中，尤其要注意在俯视或仰视的观察视角下这些建筑元素的变化。

2B铅笔

HB铅笔

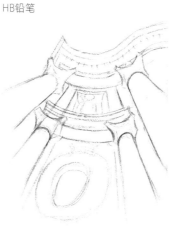

HB铅笔

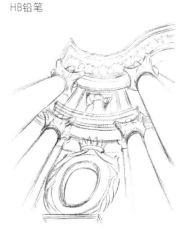

**1** 画出建筑在画面中的大致位置，线条力求准确，下笔力度要轻。

**2** 逐渐确定建筑物的外形轮廓，可用一些线条进行辅助。

**3** 继续刻画建筑物上的纹饰细节，注意纹饰的线条走向要与建筑整体的结构走向一致，使结构更为精准。

6B铅笔

**4** 平铺建筑物暗部的调子，注意仰视角度下建筑的明暗变化。

**5** 用纸擦笔擦出教堂暗面与灰面部分，蹭擦时要细致，注意纹饰的细微阴影的表现。

4B铅笔

**细节展示：**由于教堂的石材已经过打磨，质地比较光滑，因此亮面要明显，与暗部加强对比，表现出这种特质。

**6** 刻画建筑顶部的浮雕纹饰，分出黑、白、灰三大面，注意纹饰曲面的灰部调子的轻微变化。亮面用橡皮擦提亮，使其具有立体效果。

4B铅笔

6B铅笔

**7** 画出建筑的中间部分，以同样的方法绘出黑、白、灰分明的效果，让画面趋于丰富。

**8** 画出建筑下面的圆形纹饰，然后强调底部几根柱子的黑、白、灰效果，从整体上表现建筑的立体感，让画面更完整。

# 3.7 拜占庭建筑之圣索菲亚大教堂

　　拜占庭式建筑是一种具有鲜明的宗教色彩，且圆形屋顶较为突出的建筑。从平面上看，其基本的形式特征是集中式结构——如花一般，中央有一个大厅，其余部分都围绕大厅以中心对称的形式展开。

## 3.7.1 建筑特色

　　一个史无前例的突破——拜占庭建筑利用帆拱将一个圆形的穹顶建在方形的基座上。这种创新的结构，不仅使拜占庭建筑得以延续，还影响了后世许多建筑的风格。

这是一座高大的宣礼塔。

## 3.7.2 圣索菲亚大教堂局部刻画

圣索菲亚大教堂是拜占庭建筑的典型代表。教堂主体为长方形，内壁采用彩色大理石砖和马赛克镶嵌画装点铺砌，五彩斑斓，充满着浓重的宗教意味。在绘制时，要注意表现出圆顶的曲线弧度。

2B铅笔

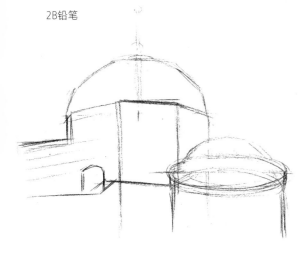

1 画出两个教堂建筑的大致轮廓，要考虑它们在画面中的位置和大小。

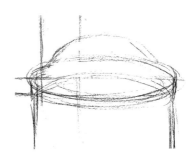

细节展示：圆顶内部结构线要准确，可画几条辅助线，注意线条要浅而直。

2B铅笔

2 丰富细节，把教堂外形的轮廓线确定出来。

6B铅笔

3 加深教堂的暗面部分，初步画出立体感。

4 用纸擦笔蹭擦暗面和灰面部分，使色调过渡自然。

4B铅笔

5 加深教堂暗面部分，用斜切的橡皮擦擦出亮面，增强明暗对比，从而加强立体效果。

6 加深最前面的建筑与城墙的暗面部分，然后加深后面建筑的门洞，使前后主次分明。

6B铅笔

细节展示：注意光线照射的方向。在加深圆柱形塔身的暗面部分时，要通过弧形排线表现出曲面效果。

# 3.8 罗马斗兽场

　　半圆形拱券、交叉拱顶结构是古罗马建筑的主要特点，其大型建筑物的风格雄浑大气，庄严凝重，整体构图和谐统一，形式多样。罗马斗兽场是古罗马建筑的典型代表，它的看台在三层混凝土制的筒形拱上，每层八十个拱，形成三圈不同高度的环形券廊，看台逐层后退，形成阶梯式坡度。

## 3.8.1 建筑特色

　　其柱式按照多立克柱式、爱奥尼柱式和科林斯柱式的顺序排列。这一点继承了古希腊的风格，但古罗马建筑又发展出了塔司干柱式和混合式柱式。

　　拱券结构的广泛应用使斗兽场获得了宽敞的内部空间，也增强了外观上的宏伟感。

## 3.8.2 斗兽场局部刻画

　　罗马斗兽场是古罗马文明的象征，在建筑史上堪称典范和奇迹，是古罗马建筑艺术的代表作，以庞大、雄伟、壮观著称于世。它也是欧洲乃至全世界保存至今的最古老、最宏伟的斗兽场、竞技场。

HB铅笔

1 确定斗兽场局部建筑在画面中的位置，画出基本轮廓，注意画出的线条要浅、长、直。

HB铅笔

2 画出建筑的各个拱门，把握好近大远小、近实远虚的原则，表现出透视效果。

2B铅笔

3 刻画细节，加深建筑隔层的暗面部分，初步加深拱门的暗面。

6B铅笔

4 整体画出建筑的暗面和灰面部分，使画面初现立体感。

2B铅笔

**5** 用纸擦笔擦出暗面和灰面部分，让画面灰度的过渡更柔和，体现出建筑物的石材质感。留出亮面，适时用橡皮提亮稍靠前的最亮的部分。

**6** 加深最上面两层建筑的暗部，与灰面自然过渡，注意要耐心绘制出柱头纹饰细节。

2B铅笔

**细节展示：** 黑白调从近到远、从下到上明显递减，从而产生一种不断延伸的空间感。

**7** 以同样的方法加深下层建筑的暗面，并刻画细节，使画面更立体。

# 3.9 古希腊建筑之帕特农神庙

完善的梁柱结构系统、一定比例的矩形平面，古希腊建筑以其自身的特点影响着后世的建筑风格，遗留的建筑更是引得无数建筑流派借鉴参考。雅典帕特农神庙就是其中之一。

## 3.9.1 建筑特色

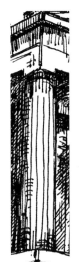

三角形的山墙和高高的台基也是古希腊建筑的特点之一。

神庙主要采用了多立克柱式，这种柱式一般建在阶座之上，柱身粗大雄壮，表面雕成20条槽纹，柱头是个倒圆锥台，没有装饰。

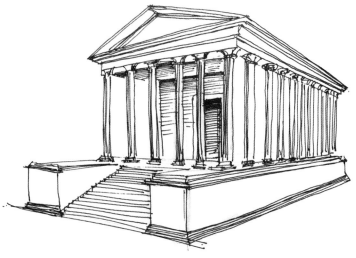

古罗马神庙只有正面有台阶，与古希腊四面皆有台阶的样式有所区别。

### 3.9.2 帕特农神庙局部刻画

帕特农神庙采用了古希腊建筑中最典型的长方形围柱式建筑，柱子主要采用了多立克式，它结构匀称，比例合理，具有丰富的韵律感和节奏感。可以说，帕特农神庙的设计代表了古希腊建筑艺术的最高水平，是古希腊留给后世的建筑瑰宝。

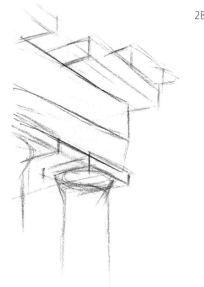

2B铅笔

10B铅笔

**1** 确定好神庙一角在画面中的位置，轻轻画出大致外形。

**2** 画出建筑的暗面部分，调子要浅一些，排线要均匀。

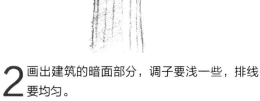

4B铅笔

**3** 用纸擦笔擦出暗部与灰面，使画面灰度柔和，初步呈现出建筑的立体效果。

**4** 加深建筑上部长方体的暗面，用纸擦笔擦出柔和感，使其与上下结构过渡自然。

2B铅笔

细节展示：绘制裂缝时，要注意光线的走向，刻画出裂缝的深度。

5 加深神庙浮雕的暗部，着重处理整个建筑上部的暗面与灰面部分，使上部的画面趋于丰富。

2B铅笔

4B铅笔

6 分出下部柱子的黑、白、灰三大面，用橡皮擦出亮面，加强立体效果。

7 细致地刻画出神庙上的裂缝，体会建筑整体的结构走向，细化暗面、灰面和亮面，让画面更完整。

# 3.10 巴黎圣母院

    提到欧洲历史上第一座完全哥特式的教堂——巴黎圣母院，就不得不说哥特式建筑。"高、耸、削、瘦"是哥特式建筑给人留下的第一印象，笔直的尖塔、尖形的拱门、大窗户及绘有圣经故事的花窗玻璃，其外部展现轻盈修长的飞天感，内部则营造一种浓厚的宗教气氛，这是哥特式建筑独具特色的一面。

## 3.10.1 建筑特色

    这面圆形玻璃窗是天堂入口的象征，上面的雕像是圣母玛利亚抱着耶稣。圣经故事是圣母院雕刻装饰的主要题材。

    飞扶壁常见于哥特式建筑，尤其是在大型哥特式教堂中，它不仅有减少主墙压力的作用，还具有装饰建筑的功能。

### 3.10.2 巴黎圣母院局部刻画

巴黎圣母院大教堂全部采用石材建造，其特点是高耸挺拔、辉煌壮丽，整个建筑庄严和谐。教堂的造型既空灵轻巧，又符合变化与统一、比例与尺度、节奏与韵律等建筑形式美法则，具有很强的美感。

2B铅笔

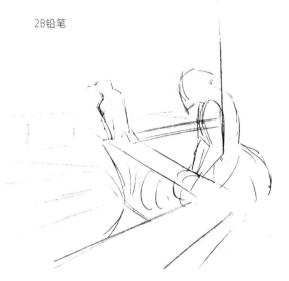

2B铅笔

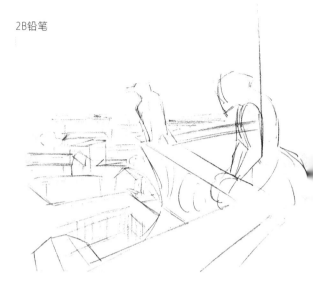

1 勾画出教堂一角的大致轮廓线，确定楼台与人物的位置，然后画出楼台下众多房屋的大致形状。

2 刻画楼台下面房屋的轮廓线，注意透视关系。

6B铅笔

6B铅笔

3 画出楼台下面房屋的暗面部分，靠前的房屋和较后的房屋的屋顶要刻画出细节，体现出空间的广阔之感。

4 画出人形石像、鸟、楼台等建筑的暗部，再用纸擦笔擦出柔和感。

5 加深楼台前端、鸟和人形石像头部的暗
面，突显立体效果。用纸擦笔擦出下面
房屋的暗面部分，使画面灰度的过渡更柔和。

6 耐心细致地画出人形石像、楼台和鸟的
调子，加深人形石像身体和手部下面物
体的暗面。

**7** 深化人形石像、楼台剩下部分及纹饰的暗
面，让画面的黑、白、灰效果更明显。

6B铅笔

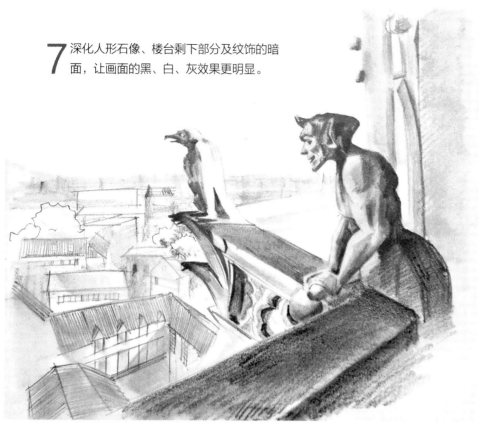

2B铅笔

**8** 用纸擦笔擦出整个画面的暗面与灰面，使其自然过
渡。刻画稍靠前的人形石像、鸟、楼台及纹饰的细
节，让作品更精致、完整。

# 建筑小景

    本章详细介绍了10个特色建筑的完整素描绘制流程，同时也介绍了对某些建筑局部细节的处理技巧，以期进一步提升读者绘制建筑素描的水准。

# 4.1 滕王阁

滕王阁，江南三大名楼之一，位于江西省南昌市西北部沿江路赣江东岸，始建于唐永徽四年，因唐太宗李世民之弟——滕王李元婴始建而得名，又因初唐诗人王勃诗句"落霞与孤鹜齐飞，秋水共长天一色"而流芳后世。

## 4.1.1 建筑特色

中国的古代建筑从平面布局到主体造型讲究群体和谐，重视群体造型之间的组合，有主有次，互相协调。滕王阁的建筑之美也是这样，为群屋联络之美，非一屋之形状美。滕王阁在复制古建筑的形式中追求群体建筑的造型美，在拔高建筑高度的想法上体现了重视城市建筑群的轮廓线及城市建筑天际线的形态美，高低错落，疏密有致，层次分明，凹凸得当，有张有弛。

## 4.1.2 绘画要点

这幅画的细节很多，绘制时要注意房檐的走势变化，楼阁柱子的垂直变化和光影产生的明暗对比。

三层檐部下面的暗面均有不同程度的明暗变化，顶部檐下的暗面灰度最深。窗户、栏杆的轮廓线只需勾勒出大致外形，并区分细微的明暗变化。

用软炭笔画出植物大致的明暗关系，再用纸擦笔擦出明暗面，使画面灰度更柔和。

屋檐上屋脊部分的线条随主屋脊的线条而走，注意透视关系。

## 4.1.3 绘画步骤

硬性炭笔

中性炭笔

**1** 起稿，用长直线确定出主体物的位置，注意房檐的走势，再确定前方建筑的位置，不要被过多细节影响。

**2** 从顶部开始画出相对细致的造型，注意房顶的变化很多，造型比较难把握。同时初步画出一点暗部。

软性炭笔

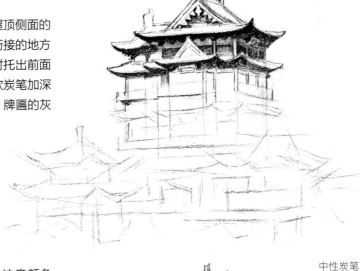

**3** 加深阴影部分的灰度，画出屋顶侧面的细节。注意暗部柱子和房檐衔接的地方不要画得太黑，窗户整体的灰色衬托出前面的屋顶，为画细节留出余地。用软炭笔加深阴影颜色，注意留出牌匾的位置。牌匾的灰度要浅，不能用深色调子刻画。

中性炭笔

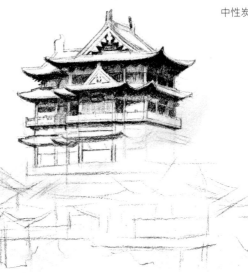

**4** 逐个描绘窗户隔断的位置，注意颜色的统一。房檐的结构复杂，要耐心区分，确保形体的准确，注意栏杆和房檐的透视变化。正面房檐部分细节最多，容易看不清楚，一定要注意把握好每层建筑之间的关系。把硬炭笔削尖画房檐细节，注意不要画得太重。

中性炭笔

5 区分好细节的位置后，开始画一些深色。房檐下面的灰度最深，墙壁窗户的位置较浅，衬托出房顶的亮色。

中性炭笔

6 逐步向下刻画，保持暗部灰度及灰部灰度的统一，注意黑、白、灰的对比。

硬性炭笔

7 画完主体建筑后，开始画前面的亭子。其形状和主体建筑有些不同，比较难把握。注意每个檐向上翘起的角度都是在一条线上，这样就容易把型画准确。

8 用硬性炭笔将亭子的造型
画准确后，用中性炭笔开
始画更多的细节。注意亭檐的
底部是深色，向下会有过渡，
建筑细节要取舍得当。

硬性炭笔　中性炭笔

软性炭笔

9 画好亭子后，在前面加上
一点点植物，接着开始画
后面的亭台。里面的柱子很
多，要注意区分前后层次。

**10** 画出前面的植物，用笔的侧锋来画，注意植物的形状，然后用纸擦笔擦出树冠的效果。画出远处的建筑，不要刻画得太细致。

软性炭笔

**11** 绘制前面的植物，使其能稍微遮挡后面的建筑，再画出右下方的建筑。注意不用过于细致，这个位置的景物是为画面构图服务的，不要喧宾夺主。

软性炭笔

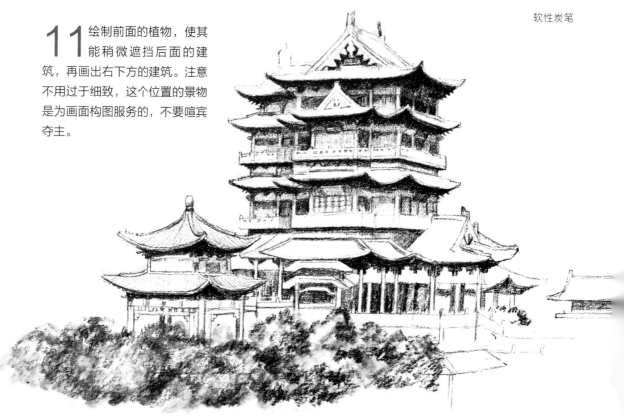

**12** 绘制建筑下方的细节，要使下方的内容整体统一在一个相近的灰度里，才不会让画面变得杂乱。

**13** 用纸擦笔擦出植物的明暗，完善画面，增强画面对比度，完成作品。

# 4.2 天坛祈年殿

祈年殿是天坛的主体建筑，又称祈谷殿，是明清两代皇帝孟春祈谷之所。祈年殿在天坛的北部，始建于明永乐十八年。清乾隆十六年修缮后，改名为"祈年殿"，光绪十五年毁于雷火，数年后按原样重建。

## 4.2.1 建筑特色

祈年殿是一座鎏金宝顶、蓝瓦红柱、金碧辉煌的彩绘三层重檐圆形大殿。祈年殿采用的是上殿下屋的构造形式。大殿建于高六米的白石雕栏环绕的三层汉白玉圆台上，即为祈谷坛，颇有拔地擎天之势，壮观恢宏。祈年殿为砖木结构，殿高三十八米，直径三十二米，三层重檐向上逐层收缩作伞状。建筑独特，无大梁长檩及铁钉，二十八根楠木巨柱环绕排列，支撑着殿顶的重量。祈年殿是按照"敬天礼神"的思想设计的，殿为圆形，象征天圆；瓦为蓝色，象征蓝天。祈年殿的殿座就是圆形的祈谷坛，三层六米高，气势磅礴。坛周有矮墙一重，东南角设燔柴炉、瘗坎、燎炉和具服台。坛北有皇乾殿，面阔五间，原先放置祖先神牌，后来牌位移至太庙。坛边还有祈年门、神库、神厨、宰牲亭、走牲路和长廊等附属建筑。长廊南面的广场上有七星石，是嘉靖年间放置的镇石。

## 4.2.2 绘画要点

这幅画的难点在于要把握建筑物的对称感，用光影表现出建筑主体上的诸多细节。

宝顶顶部明暗面的线条须表现出立体效果，线条多微曲。高光部分用斜切橡皮提亮。

三层屋顶要先画出大致的明暗关系，再刻画细节处的细微明暗变化。上面两层屋顶的檐下斗拱，其位置须随圆形的屋顶画出，注意透视关系。

注意扶手近大远小的透视关系。右边扶手的投影部分可先画出扶手轮廓投影的最暗面，再大致画出扶手整体暗面的大致轮廓。

## 4.2.3 绘画步骤

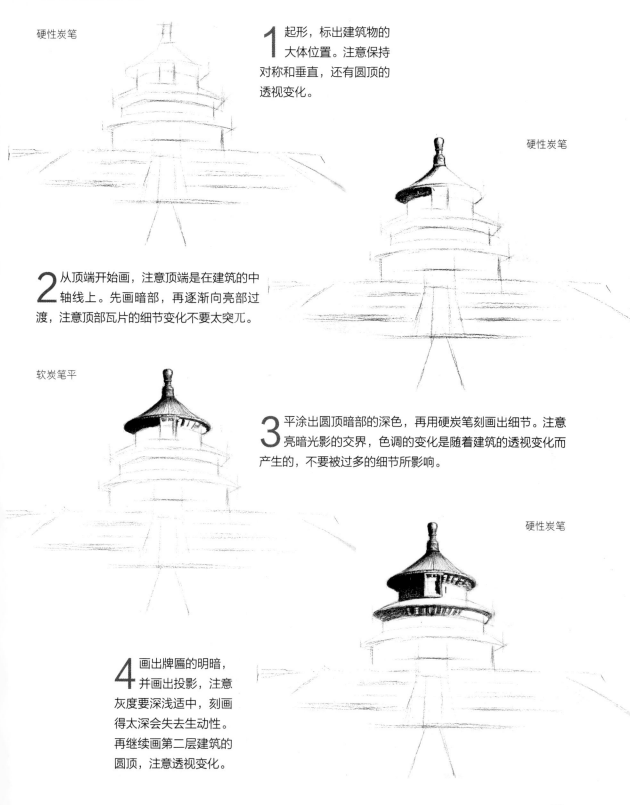

硬性炭笔

**1** 起形，标出建筑物的大体位置。注意保持对称和垂直，还有圆顶的透视变化。

硬性炭笔

**2** 从顶端开始画，注意顶端是在建筑的中轴线上。先画暗部，再逐渐向亮部过渡，注意顶部瓦片的细节变化不要太突兀。

软炭笔平

**3** 平涂出圆顶暗部的深色，再用硬炭笔刻画出细节。注意亮暗光影的交界，色调的变化是随着建筑的透视变化而产生的，不要被过多的细节所影响。

硬性炭笔

**4** 画出牌匾的明暗，并画出投影，注意灰度要深浅适中，刻画得太深会失去生动性。再继续画第二层建筑的圆顶，注意透视变化。

73

软性炭笔

5 画出暗部，增强光影效果，刻画椽子细节。注意它和圆形屋顶的透视变化，建筑顶部由上向下收缩，并向左右扩展。左右椽子的处理要自然一些，使最前面的最突出。

中性炭笔

6 画出第三层圆顶的形状，注意和上面两层的对比，保持造型的准确。画出投影面的形状，初步画出底层建筑的结构，标出门的位置，注意对称性。

硬性炭笔

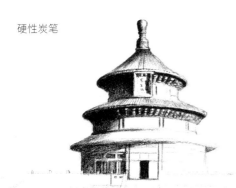

7 开始增加建筑阴影部分的细节，注意细节是随着圆形透视的变化而变化的，阴影里面的建筑细节要自然随意一些。

中性炭笔

8 强化光影效果，画出房檐阴影部分的形状，刻画出栏杆的细节。栏杆的细节很复杂，需要分组画，画出光影的明暗对比。

9 增加栏杆的细节，第一层栏杆底部的深色用平涂侧擦的笔法完成，再用纸擦笔擦出深色，就能显示出石块的质感。

硬性炭笔

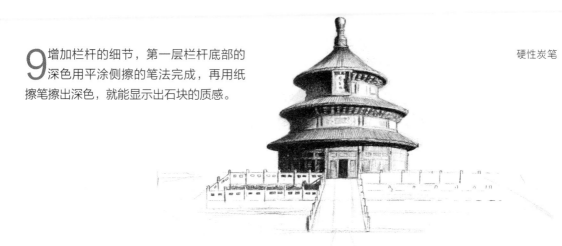

硬性炭笔

10 依照上面的步骤画出更多的细节，再画出中间过道的栏杆。这个区域的细节非常复杂，要先分组进行观察，再画出光影部分，接着画出亮部的细节。注意，画右边栏杆时用笔力度要轻，整体保持灰色调。

11 用纸擦笔擦出栏杆的深色部分，完成作品。

# 4.3 湘西吊脚楼

湘西吊脚楼，属于古代干阑式建筑的范畴。所谓干阑式建筑，是体量较大、下屋架空、上层铺木板作居住用的一种房屋。这种建筑形式主要分布在南方，特别是长江流域地区以及山区。因这些地域多水多雨，空气和地层湿度大，所以将底层架空，这对防潮和通风极为有利。

## 4.3.1 建筑特色

湘西吊脚楼的建筑框架采用全木制榫卯结构。所谓"脚"，其实是几根支撑房屋的粗大木桩。大多建在水边的湘西吊脚楼，都是伸出两只长长的前"脚"，深深地插在江水里，与搭在河岸上的另一边墙基共同支撑起一栋栋房屋；在山腰上，湘西吊脚楼的前两只"脚"则稳稳地顶在低处，与另一边的墙基共同支撑房屋。湘西吊脚楼分两层或多层形式，下层多畅空，里面多作牛、猪等牲畜棚或存储农具与杂物的地方。楼上为客堂与卧室，四周伸出有挑廊，楼上前半部光线充足，主人可以在廊里工作和休息。这些廊子的柱子有的不着地，以便人畜在下面通行，廊子的重量完全靠挑出的木梁承受。湘西吊脚楼看起来美观，灵巧别致，凌空欲飞；住起来舒适，干爽透气。

## 4.3.2 绘画要点

这幅画的建筑细节很多，注意建筑之间的联系。画面的取舍很重要，能突出主体的内容要保留，无关紧要的细节要舍弃。

从侧锋画出树木的大致明暗，再以纸擦笔晕染出柔和感。

各个房屋要区分出主次明暗关系，近实远虚的透视关系要表现出来。

底部的石头部分，要大致画出轮廓，再分出大致的明暗关系，使整体更和谐。注意近实远虚的透视关系。

### 4.3.3 绘画步骤

硬性炭笔

硬性炭笔

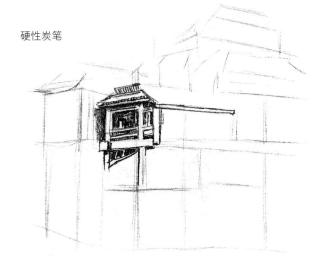

**1** 起形，注意画面构图，把握好主体建筑物在画面中的大小。

**2** 从最前面的建筑画起，注意楼阁之间的木质结构。

中性炭笔

**3** 围绕主体结构画出更多的细节，在画细节时也要注意黑、白、灰的结合，大胆舍弃不需要的细节。左边的建筑线条灰度要比主体结构浅，使主体突出。

中性炭笔

**4** 画完前面第一组建筑后，继续画出下面的墙体，注意灰度要浅一些。

5 在主体建筑的下方继续绘制，完善第一层与第二层的结构，然后画出下面的人物。

6 画出远处的建筑，注意透视变化，整体颜色要浅。

7 右边建筑的灰度要浅一点，最远处的建筑的灰度要比前面的更浅。

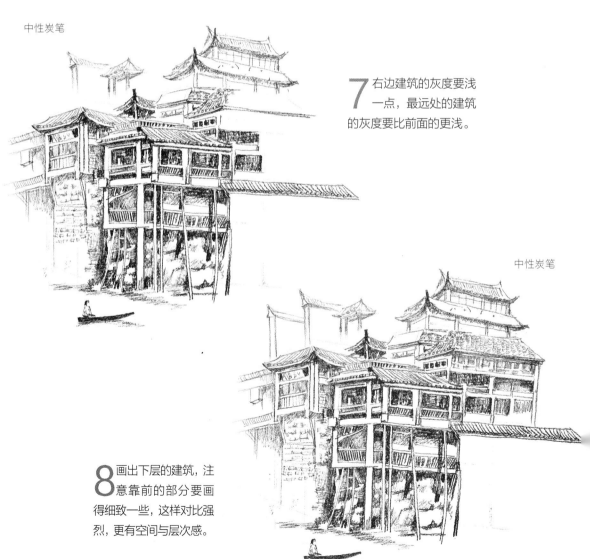

8 画出下层的建筑，注意靠前的部分要画得细致一些，这样对比强烈，更有空间与层次感。

9 开始画主体建筑
周边的建筑，适
当简化，画出大致的
结构轮廓即可，不用
画得太过于细致。

中性炭笔

10 用纸擦笔把
周边建筑的
阴影区域涂一下，让
画面效果更丰富。

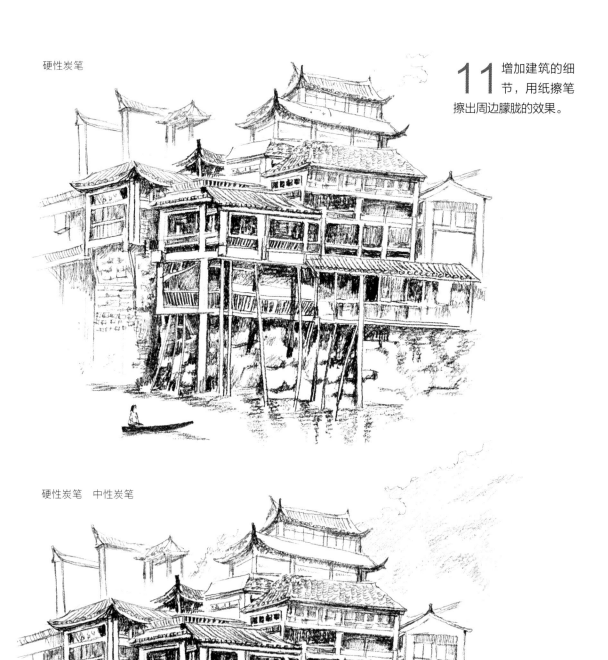

硬性炭笔

**11** 增加建筑的细
节，用纸擦笔
擦出周边朦胧的效果。

硬性炭笔　中性炭笔

**12** 用硬性炭
笔整体调
整画面，用中性炭
笔加深深色区域和
背景处的树木，完
成作品。

# 4.4 长城

长城始建于春秋战国时期，历史长达两千多年。它是中国古代在不同时期为抵御塞北游牧部落联盟侵袭而修筑的规模浩大的军事工程的统称。今天所指的万里长城多指明代修建的长城，它东起鸭绿江，西至甘肃省的嘉峪关。

## 4.4.1 建筑特色

长城的城墙内外檐墙都以巨砖砌筑。许多关隘的大门，多为用青砖砌筑成大跨度的拱门，这些青砖有的虽然已严重风化，但整个城门仍威严峙立，可见当时砌筑拱门的高超技能。从关隘城楼上的建筑装饰看，许多石雕砖刻的制作技术都极其复杂精细，反映了当时工匠匠心独运的艺术才华。

墙身是城墙的主要部分，平均高度为7.8米，有些地段高达14米。墙身是防御敌人的主要部分，其总厚度均为6.5米，墙上地坪宽度平均为5.8米，保证两辆辎重马车并行。墙身由外檐墙和内檐墙构成，内填泥土碎石。外檐墙是指外皮墙向城外的一面。构筑时，墙身有明显的收分，能增加墙体下部的宽度，增强稳定度，加强防御性能，使外墙雄伟壮观。内檐墙是指外皮墙向内的一面，构筑时一般没有明显的收分，构筑成垂直的墙体。砖的砌筑方法以扁砌为主。

## 4.4.2 绘画要点

这幅画的要点在于要把长城的走势表现得有美感。

后面墙体的轮廓较前面墙体虚，体现出近实远虚的透视关系。

大致画出树木部分的明暗面，再以纸擦笔擦出画面柔和感。使用纸擦笔时注意勿把画面弄脏。

重点刻画左上方两面砖墙，体现主次与透视关系。前面砖墙的刻画忌用直线，轻松地大致勾画出外形即可。再刻画出墙体大致的明暗关系，最后刻画每块砖细微的明暗变化，让画面更精妙。

### 4.4.3 绘画步骤

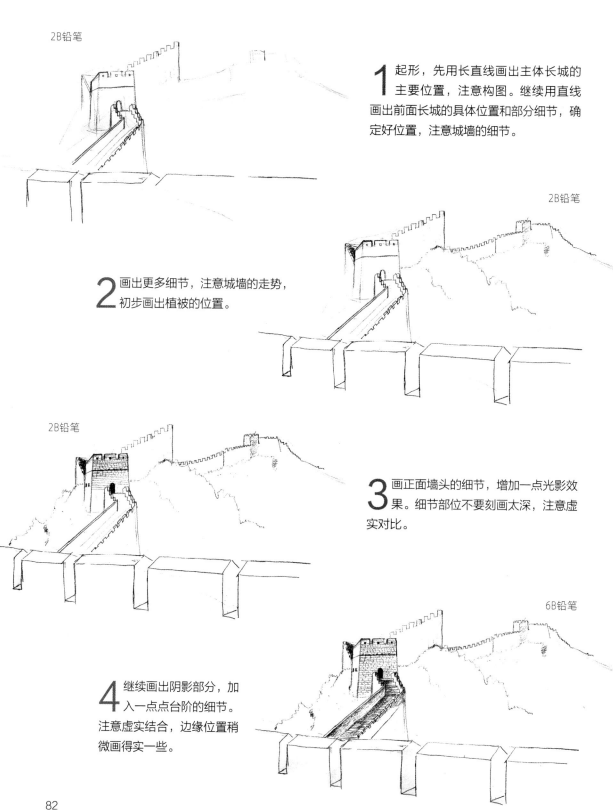

2B铅笔

**1** 起形，先用长直线画出主体长城的主要位置，注意构图。继续用直线画出前面长城的具体位置和部分细节，确定好位置，注意城墙的细节。

2B铅笔

**2** 画出更多细节，注意城墙的走势，初步画出植被的位置。

2B铅笔

**3** 画正面墙头的细节，增加一点光影效果。细节部位不要刻画太深，注意虚实对比。

6B铅笔

**4** 继续画出阴影部分，加入一点点台阶的细节。注意虚实结合，边缘位置稍微画得实一些。

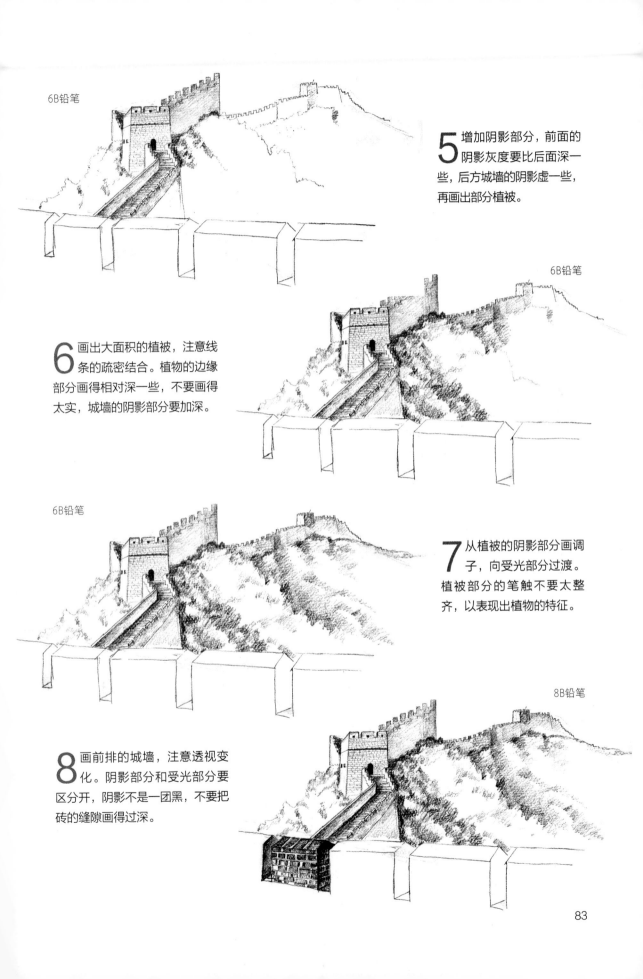

6B铅笔

**5** 增加阴影部分，前面的阴影灰度要比后面深一些，后方城墙的阴影虚一些，再画出部分植被。

6B铅笔

**6** 画出大面积的植被，注意线条的疏密结合。植物的边缘部分画得相对深一些，不要画得太实，城墙的阴影部分要加深。

6B铅笔

**7** 从植被的阴影部分画调子，向受光部分过渡。植被部分的笔触不要太整齐，以表现出植物的特征。

8B铅笔

**8** 画前排的城墙，注意透视变化。阴影部分和受光部分要区分开，阴影不是一团黑，不要把砖的缝隙画得过深。

4B铅笔

**9** 增加更多砖墙的细节，注意每一组砖块之间的透视变化，近处的大一点。砖不要画得都一样大，要有大小、深浅的变化。

**10** 在画砖墙时，注意中间的两组要画得细致一些、深一点，两边的砖墙就稍微浅一点。砖墙是整体画面灰度最深的部分，和后面远处的长城形成对比，但前面的深色部分不能画得太花。砖墙的变化不是越多越好，而是要在整体的平衡中寻找细微的变化。

4B铅笔

**11** 用纸擦笔对细节进行处理，把城墙的阴影部分及植被的部分轻轻擦一下，增强画面的表现力，完成作品。

# 4.5 埃菲尔铁塔

埃菲尔铁塔矗立在法国巴黎塞纳河南岸的战神广场，于1889年建成，当年曾是世界上最高的建筑物，得名于设计它的著名建筑师、结构工程师古斯塔夫·埃菲尔，全部由施耐德公司建造。另外，横梁的设置得到简化并与塔柱优化以后的线形相协调，使铁塔结构受力更加均匀，形式更加优美，高扬的动势更加强烈。

## 4.5.1 建筑特色

埃菲尔铁塔的结构体系既直观又简洁。底部是倾角为54度的巨型倾斜柱墩，它支撑着57.63米高的第一层平台。第一层平台和标高为115.73米的第二层平台之间是四根微曲的钢框架立柱。再向上，四根钢框架立柱转换为几乎垂直的、刚性很强的钢框架方尖塔。其间在276.13米处设有第三层平台，在300.65米处设有塔顶平台，布置有电视天线。

## 4.5.2 绘画要点

这幅画要表现出埃菲尔铁塔的雄伟壮观之感，尤其要表现出仰视角度下铁塔的透视变化。

如何处理地面上的树木与铁塔在视觉上的衔接处是本画的难点。要巧妙地用灰度上的差异表现出树木与铁塔的不同质感，还要体现出层次感。

要用厚重的暗面营造铁塔的立体感。

### 4.5.3 绘画步骤

2B铅笔                    2B铅笔

**1** 轻轻画出铁塔的外形，注意画面中铁塔的构图及位置。

**2** 画出铁塔内部结构线，同样用笔的力度也要轻一些。

2B铅笔

**3** 用橡皮擦掉多余的辅助线，留下最准确的铁塔外形轮廓。

**4** 画出铁塔上部网线与顶部的黑、白、灰三大面，表现初步细节，使画面丰富。

2B铅笔

**5** 将铁塔整体的结构线都均匀地画出来，注意近实远虚，即前面的线条稍深，后面的线条稍浅，体现空间感和线条的穿插感。

2B铅笔

 2B铅笔

**6** 画出铁塔上面部分的暗面，注意在暗部中适当轻轻画出灰面并留出亮面部分，体现铁塔的立体效果。

**7** 画出铁塔中间部分和下面部分的细节，须再次耐心地分出黑、白、灰三大面，使画面越来越丰富。

4B铅笔

$8$ 逐渐用调子加深铁塔的暗部，同时画出铁塔底部的暗面部分，让画面趋于完整。

2B铅笔

$9$ 后面的天空要平铺调子，注意用笔力度要轻，白云的位置留白即可。注意留白的白云与调子的衔接处可以再轻轻地画出浅调子，使过渡更自然。

2B铅笔或4B铅笔

$10$ 前面树木、草地部分用灰色调子画出来，下笔要轻，要平铺调子，简要分出黑、白、灰。右边的树木捎带画出。

**11** 加深左右两边树木的灰度，表现出黑、白、灰效果，使视野更加广阔。注意，右边的树木要与左边较细致的树木形成主次关系，最后整体观察，修整整个画面即可。完成作品。

# 4.6 荷兰风车

荷兰风车是荷兰的象征，也是荷兰建筑的代表。荷兰风车从正面看呈垂直"十"字形，即使它在"休息"时，看上去也仍充满动感，这给亲眼见过它的人留下了美好的记忆。

## 4.6.1 建筑特色

荷兰风车多以大栎木制成，是利用风能产生动力来用于碾压谷物、烟叶、毛毡，以及榨油、造纸的生产工具。荷兰风车最大的有好几层楼高，风翼长达二十米。风车在荷兰人民围海造陆工程中发挥了巨大的作用。

## 4.6.2 绘画要点

这幅画有很多细节，要注意整体黑、白、灰的控制，并突出主体。

水面部分用较粗的6B铅笔或软性炭笔擦染，分出明暗，注意表现出水中风车的投影，水面的亮面可以用斜切橡皮擦出效果。

四个扇叶在四个不同方向，用黑、白、灰表现出明暗、立体效果。

以擦染方式擦出三部分植物群的大致外形轮廓。注意前面的植物群须细画，表现出亮面及细节；中间的植物群须加深色调，与前面的植物群形成对比；后面的植物群须虚化，与最前面的植物群形成近实远虚的对比关系。

## 4.6.3 绘画步骤

硬性炭笔

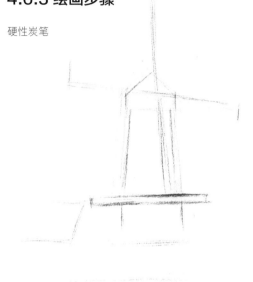

中性炭笔

1 用炭笔起形，用长直线画出风车的位置，注意风车不要太居中，偏右一点。

2 逐渐画出每个物体的轮廓及位置，不必画过多的细节。

中性炭笔

中性炭笔

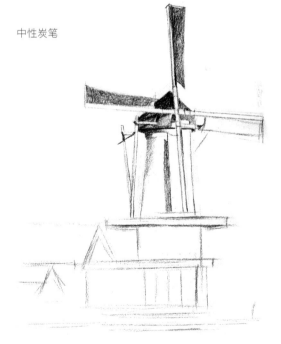

3 画风车的顶部，注意扇叶的透视变化，逐渐增加细节。

4 用平涂的方式画阴影和扇叶，增加一点建筑的阴影，逐渐向亮部过渡，注意画面的黑、白、灰对比，建筑顶部的颜色最深。

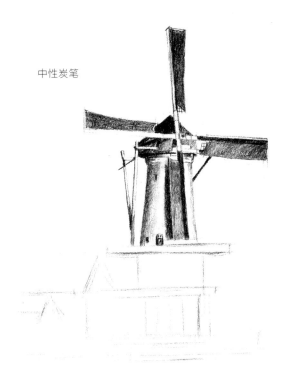

中性炭笔

中性炭笔

**5** 把扇叶画完，增加建筑主体的灰色，用纸擦笔擦出渐变的效果。

**6** 画出底部位置上的深色，增加栏杆的细节。

中性炭笔

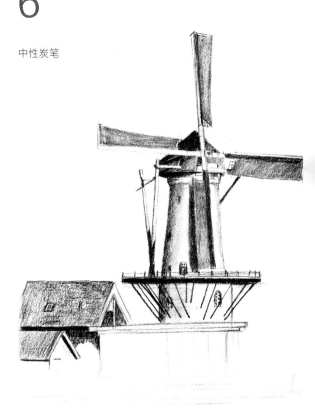

中性炭笔

**7** 用较粗的直线画出下面的支撑杆，再画出左边的小房子，注意不要画得很深。

**8** 画出屋顶的灰色，注意屋顶和底部的灰度对比。

软性炭笔

$9$ 画远处的树木，要处理得虚一点，和前面的深色形成对比。

中性炭笔 软性炭笔

$10$ 用中性炭笔画出前方的建筑，其整体在灰色调里面。用软性炭笔画出右边深色的植物，和画面上方的深色相呼应。

6B铅笔或软性炭笔

$11$ 用笔的侧锋画出水面的质感，使整个画面氛围稳定下来，注意投影变化。再画出远处的树木，用浅一点的灰度进行处理。

$12$ 用纸擦笔擦远处的树木，增加一点朦胧感。

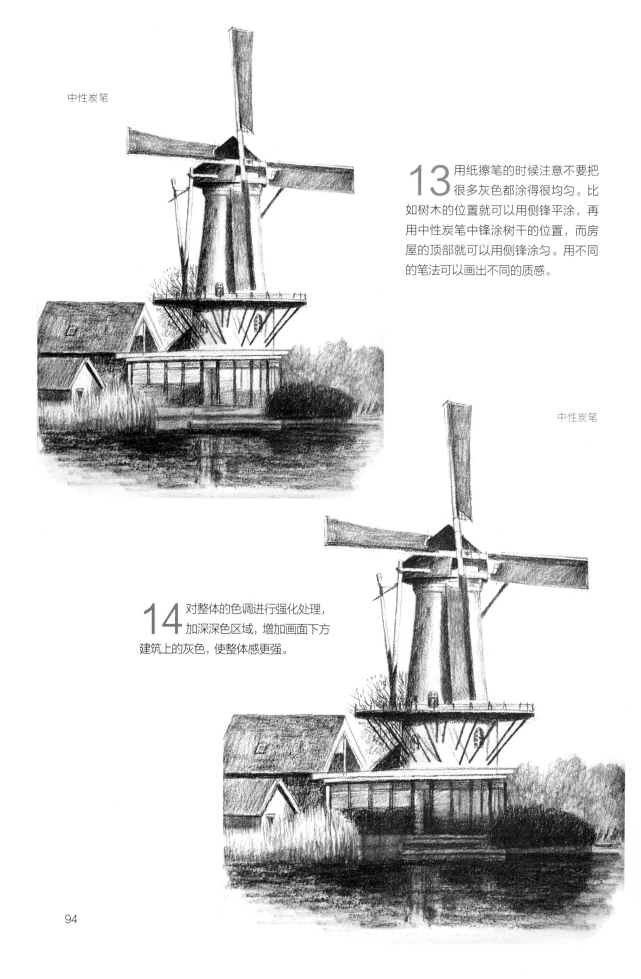

中性炭笔

**13** 用纸擦笔的时候注意不要把很多灰色都涂得很均匀。比如树木的位置就可以用侧锋平涂，再用中性炭笔中锋涂树干的位置，而房屋的顶部就可以用侧锋涂匀。用不同的笔法可以画出不同的质感。

中性炭笔

**14** 对整体的色调进行强化处理，加深深色区域，增加画面下方建筑上的灰色，使整体感更强。

# 15 强化画面氛围，加深画面下方的区域，用纸擦笔擦一下，完成作品。

中性炭笔

# 4.7 泰国大皇宫

泰国大皇宫是泰国王室的皇宫，紧邻湄南河，是曼谷中心内一处大规模古建筑群。它始建于1782年，经历代国王的不断修缮扩建，终建成现在这个规模宏大的大皇宫建筑群，至今仍金碧辉煌。现在大皇宫除了用于举行加冕典礼、宫廷庆祝等仪式和活动外，平时对外开放，成为泰国著名的游览场所。

## 4.7.1 建筑特色

泰国大皇宫汇聚了泰国建筑、绘画、雕刻和装潢艺术的精髓。其风格具有鲜明的暹罗建筑艺术特点，故深受各国游人的赞赏，被称为"泰国艺术大全"。大皇宫的佛塔式的尖顶直插云霄，鱼鳞状的玻璃瓦在阳光照射下灿烂辉煌。其建筑群共22座，主要建筑是4座各具特色的宫殿，从东向西一字排开，一色的绿色瓷砖屋脊、紫红色琉璃瓦屋顶、凤头飞檐。屋顶是典型的泰国"三顶式结构"，集泰国数百年建筑艺术之大成。

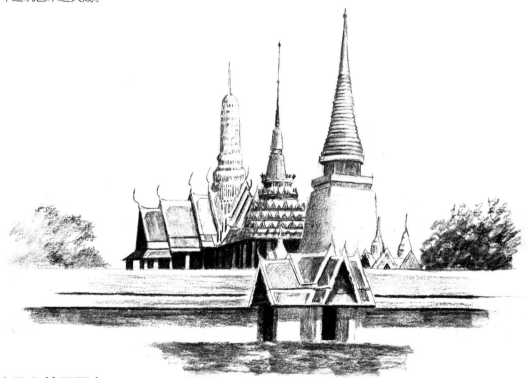

## 4.7.2 绘画要点

在绘制时注意建筑之间的透视关系，以及黑、白、灰的对比。

泰国大皇宫的建筑结构中有很多凹进去的暗面，这里要用厚重的灰度来表现。

锥形顶的塑造一定要把握好整体的透视关系。

## 4.7.3 绘画步骤

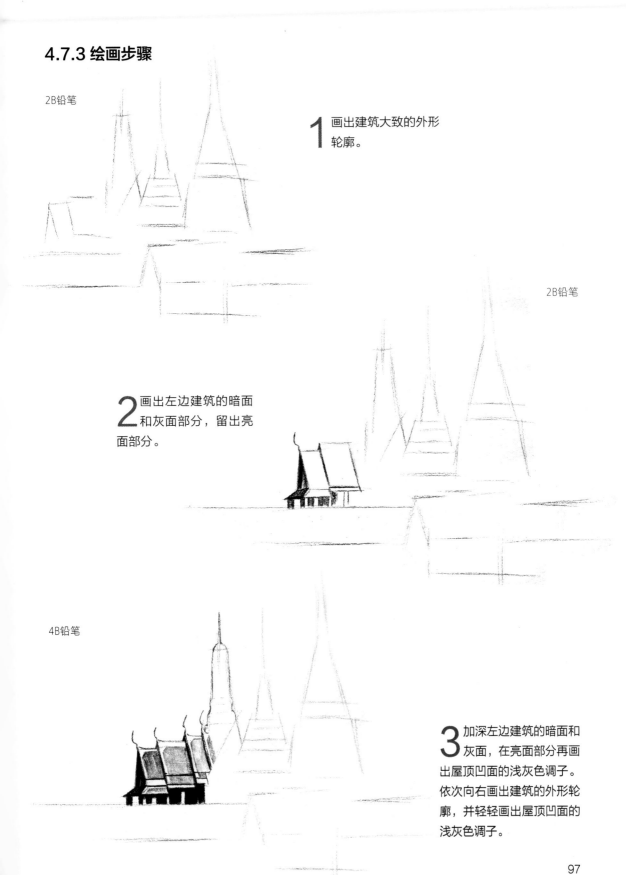

2B铅笔

1 画出建筑大致的外形
轮廓。

2B铅笔

2 画出左边建筑的暗面
和灰面部分，留出亮
面部分。

4B铅笔

3 加深左边建筑的暗面和
灰面，在亮面部分再画
出屋顶凹面的浅灰色调子。
依次向右画出建筑的外形轮
廓，并轻轻画出屋顶凹面的
浅灰色调子。

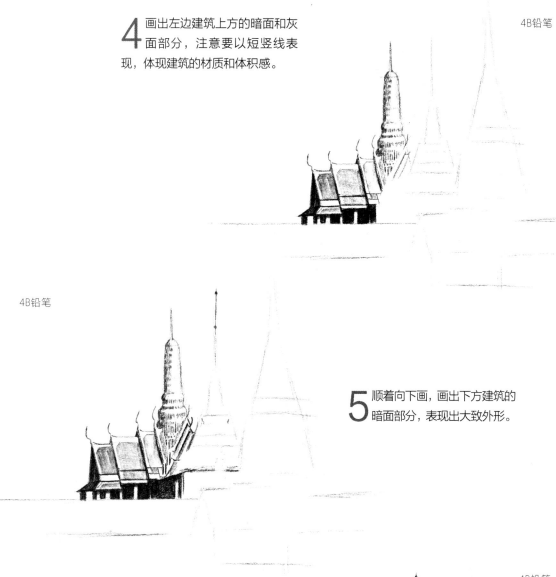

4 画出左边建筑上方的暗面和灰面部分，注意要以短竖线表现，体现建筑的材质和体积感。

4B铅笔

4B铅笔

5 顺着向下画，画出下方建筑的暗面部分，表现出大致外形。

4B铅笔

6 画出中间建筑上方的暗面和灰面部分，同样要注意以短竖线表现。

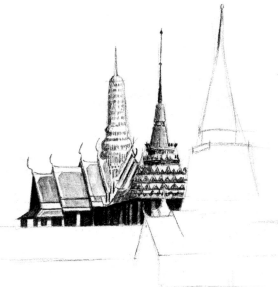

4B铅笔

**7** 画出中间建筑底部的暗部和建筑体身上的纹饰。

4B铅笔

**8** 用横向向上弯曲的线条画出锥形屋顶建筑，同样分出黑、白、灰三大面。再画出锥形屋顶底部的暗面部分，以简约的线条画出最前面建筑的外形轮廓。

4B铅笔

**9** 画出最前面建筑的暗面和灰面部分，留出亮面部分。

**10** 用长而直的笔触画出建筑左右两边的墙体部分，分出暗面和灰面调子。

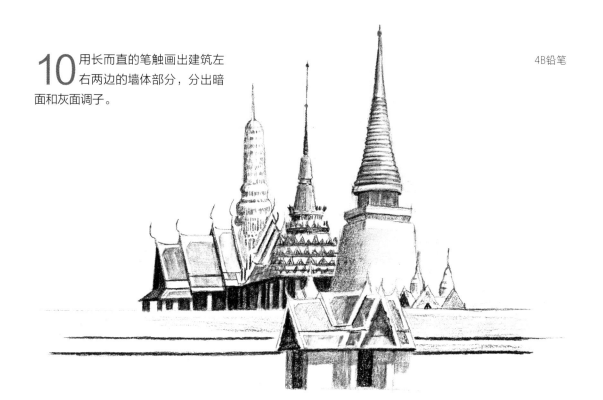

**11** 用6B铅笔画出墙体的暗面和前面的地面，最后用8B铅笔画出两侧的树木。注意笔触要有深浅变化，表现出树木的体积感，使画面完整，完成作品。

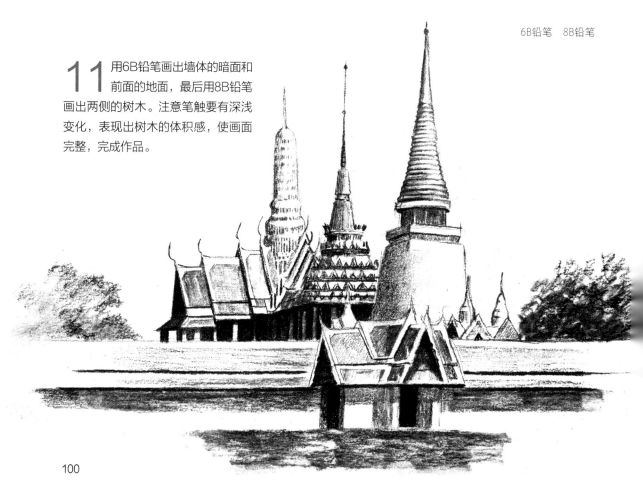

# 4.8 霍格沃茨城堡

霍格沃茨魔法学校来源于魔幻小说《哈利波特》，其外景地位于英格兰北部的安尼克城堡，是一座中古世纪风格的建筑物。城堡位于山崖之上，城堡连地下室，共有九层，另有四座塔楼。

## 4.8.1 建筑特色

霍格沃茨城堡属于哥特式风格的建筑，哥特式建筑最主要的特点是高耸的尖塔和繁缛的装饰，形成统一向上的旋律，整体给人高耸消瘦之感。

## 4.8.2 绘画要点

绘制时要注意山体与建筑的结合，两者应统一在一个大的透视中。

笔触要随建筑物的走向画出，注意每个细节中暗面与灰面的过渡。　　注意栏杆扶手下面部分的暗面调子中有深浅之分，加深扶手上面建筑物的暗面调子，表现其体积感。　　山体的调子应随山体的结构画出，体现出山体的质感。

### 4.8.3 绘画步骤

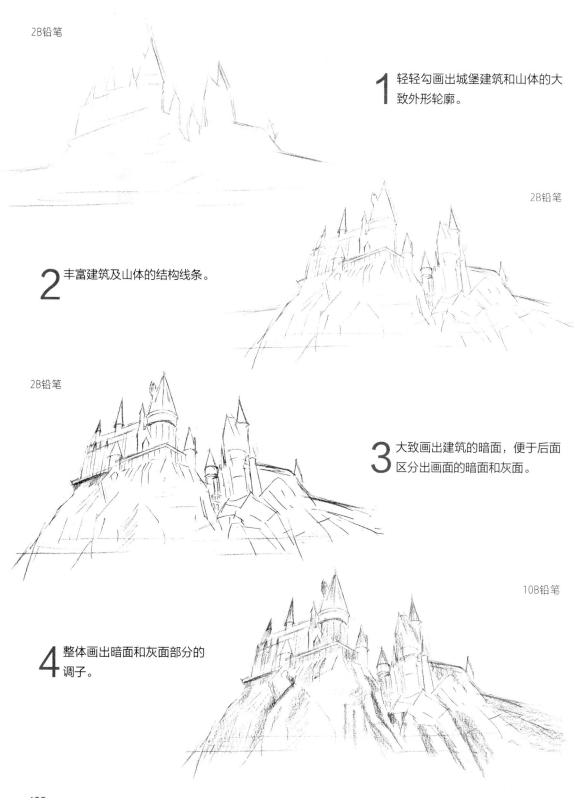

2B铅笔

1 轻轻勾画出城堡建筑和山体的大致外形轮廓。

2B铅笔

2 丰富建筑及山体的结构线条。

2B铅笔

3 大致画出建筑的暗面,便于后面区分出画面的暗面和灰面。

10B铅笔

4 整体画出暗面和灰面部分的调子。

5 用纸擦笔擦出暗面和灰面部分，让画面更加柔和。

4B铅笔

6 画出建筑左边部分的暗面与灰面部分，留出亮面。

4B铅笔

7 向右继续画出建筑的暗面与灰面，然后画出窗户的固有色，加深即可。

8 以同样的方法画出右边几座建筑的暗面与灰面，留出亮面，再画出窗户的固有色，逐步让画面趋于完整。

4B铅笔

9 加深左侧山体的暗面调子。

6B铅笔

**10** 用大笔触加深右侧山体的暗面。同样，调子随山体结构画出。

6B铅笔

**11** 用纸擦笔擦出山体的暗面和灰面，让画面更加柔和。用橡皮提亮亮面，再微调整幅画面的色调，完成作品。

# 4.9 伦敦塔桥

伦敦塔桥是一座上开悬索桥，位于英国伦敦，横跨泰晤士河，因在伦敦塔附近而得名，是从泰晤士河口算起的第一座桥，也是伦敦的象征。该桥始建于1886年，1894年6月对公众开放，将伦敦南北区连接成整体。塔桥和桥身的钢铁骨架外铺花岗岩和波特兰石，用以保护骨架和增加美感。

## 4.9.1 建筑特色

伦敦塔桥的设计非常巧妙。从外观上来看，塔桥两端是维多利亚时代的砖石塔，但上塔身的结构材料主要为钢铁。桥身分上、下两层。上层（桥面高于高潮水位约42米）为宽阔的悬空人行道，下层可供车辆通行。桥身上层两侧装有玻璃窗，从桥上通过的行人可以饱览泰晤士河两岸的城市风光。当泰晤士河上有万吨轮船通过时，主塔内机器启动，桥身慢慢分开，向上折起，船只通过后，桥身慢慢落下，恢复车辆、行人通行。

## 4.9.2 绘画要点

这幅画的难点在于透视变化较大。绘制时要掌握好透视变化，细节部分要服从整体的明暗变化。

上层分为前后两组吊桥，注意近实远虚的处理，前面的桥着重刻画。

下层吊桥可打开，此图描绘的是正在打开的状态，注意处理好透视关系。右侧桥段上的格子结构须注意空间透视，随桥段体结构画出。

主塔部分的刻画：先画出建筑体大致的明暗，再细致地刻画出暗面部分的明暗层次和亮面部分的阴影、投影等细节。最后画出窗户的位置，并区分出明暗变化，让画面明暗层次关系更明确。

## 4.9.3 绘画步骤

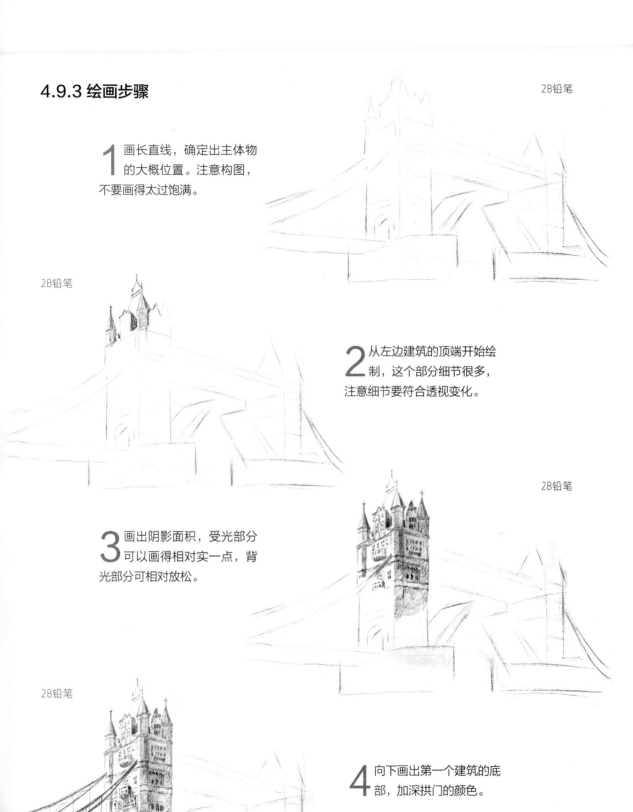

**1** 画长直线，确定出主体物的大概位置。注意构图，不要画得太过饱满。

2B铅笔

2B铅笔

**2** 从左边建筑的顶端开始绘制，这个部分细节很多，注意细节要符合透视变化。

2B铅笔

**3** 画出阴影面积，受光部分可以画得相对实一点，背光部分可相对放松。

2B铅笔

**4** 向下画出第一个建筑的底部，加深拱门的颜色。

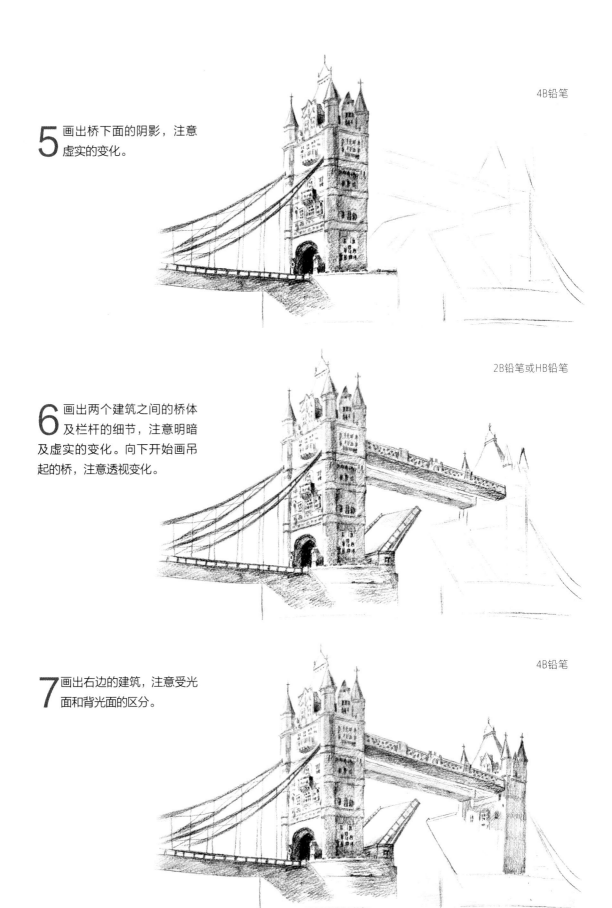

5 画出桥下面的阴影，注意虚实的变化。

2B铅笔或HB铅笔

6 画出两个建筑之间的桥体及栏杆的细节，注意明暗及虚实的变化。向下开始画吊起的桥，注意透视变化。

4B铅笔

7 画出右边的建筑，注意受光面和背光面的区分。

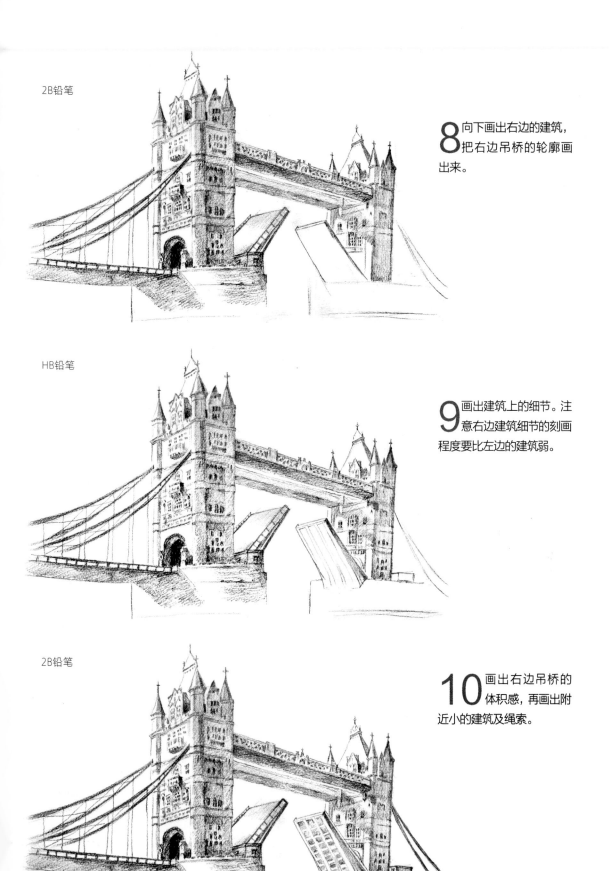

2B铅笔

**8** 向下画出右边的建筑，把右边吊桥的轮廓画出来。

HB铅笔

**9** 画出建筑上的细节。注意右边建筑细节的刻画程度要比左边的建筑弱。

2B铅笔

**10** 画出右边吊桥的体积感，再画出附近小的建筑及绳索。

11 画出吊桥的细节,注意透视变化,再画出阴影和栏杆。

12 调整右边的建筑,添加后面的细节,完成作品。

# 4.10 悉尼歌剧院

悉尼歌剧院位于悉尼市区北部，是悉尼市地标性建筑物，由丹麦建筑设计师约恩·乌松设计，其屋顶呈贝壳形，是一座结合剧院和厅室的水上综合建筑。该建筑于1959年动工，于1973年竣工，耗时14年。它是20世纪最具特色的建筑之一，2007年被联合国教科文组织评为世界文化遗产。

## 4.10.1 建筑特色

悉尼歌剧院的外形犹如即将乘风出海的白色风帆，与周围景色相映成趣。它坐落于悉尼港湾，三面临水，环境开阔，以特色的建筑设计闻名于世；它的外形像三个三角形翘首于海边，屋顶是白色的形状，犹如贝壳，因而有"翘首遐观的恬静修女"之美称。

## 4.10.2 绘画要点

这幅画的表现重点在于贝壳形屋顶的绘制，既要通过黑、白、灰的对比呈现立体感，又要体现出前后层次。

注意处理好明暗交界面的过渡，用纸擦笔擦拭明暗交界处的调子，使画面更柔和。

右侧建筑前部的纹理线条要跟随建筑整体的结构走向而定，注意细微的深浅变化。

### 4.10.3 绘画步骤

**1** 确定出悉尼歌剧院大致的位置和轮廓，注意线条要流畅。

2B铅笔

**2** 画出建筑的主要结构线，注意表现出准确的体积。

2B铅笔

**3** 初步画出建筑的暗面调子，注意区分出黑、白、灰三大面，以及建筑的前后层次。

4B铅笔

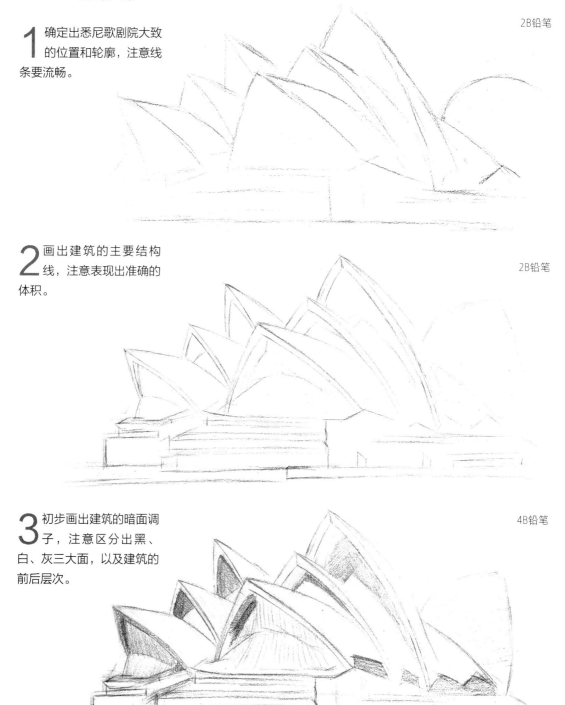

4 用纸擦笔擦出黑、白、灰三大面，让画面更加柔和。

4B铅笔

5 画出建筑的细节和明暗关系，再用纸擦笔擦出立体感。

4B铅笔

6 进一步强调出暗面，并注意暗面部分颜色的细微深浅变化，让画面更加丰富。

4B铅笔

7 刻画右侧部分建筑的暗面及水面。

8 用侧切的橡皮擦出水面的亮面部分。调整画面,完成作品。

# 实战绘制

　　本章所选取的素描建筑题材不再局限于建筑的局部或整体，而是带领读者塑造尺度更加宏大的建筑全景和建筑群落。本章将全方位调动读者对艺术的感知力，结合在之前篇章中学到的素描知识，将建筑素描水平上升到一个更高的阶段。

# 5.1 北京现代建筑

北京古老又现代，有标志性的古建筑，也有著名的现代建筑，它们展示着北京过去与现今的不同风采。看着这些现代建筑就可以很好地领略北京时尚的都市风采。

例如，新央视总部大楼就颠覆了传统高楼的建筑形态，它由两个斜塔组成，每一个都向内倾斜6度，形成一个连环。再如国家大剧院造型新颖、前卫，构思独特，是传统与现代、浪漫与现实的结合。

## 5.1.1 建筑特色

北京现代建筑指折中主义之后出现的以新结构、新材料、新形式为核心的建筑，其主要特点是强调建筑要随时代而发展，现代建筑应同工业化社会相适应；强调建筑师要研究和解决建筑的实用功能和经济问题；主张积极采用新材料、新结构，在建筑设计中发挥新材料、新结构的特性；主张坚决摆脱过时的建筑样式的束缚，放手创造新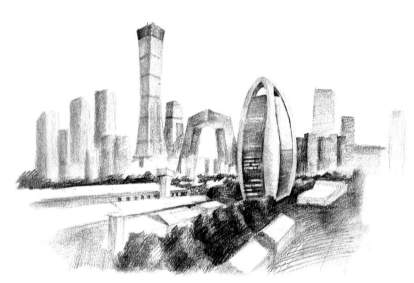的建筑风格；主张发展新的建筑美学。现代建筑在美学上的特点主要有：表现手法和建造手段的统一；建筑形体和内部功能的配合；建筑形象的逻辑性；灵活均衡的非对称构图；简洁的处理手法和纯净的体形；在建筑艺术中吸取视觉艺术的新成果。

## 5.1.2 绘画要点

绘制时注意建筑结构的准确性，以及多种透视的灵活运用。

建筑群中，中间部分的两栋建筑刻画得最细致，其他建筑勾画出大致轮廓即可，这样画面主次关系更明晰。

建筑体身上的装饰线条须随建筑结构而走，再区分明暗关系，提亮亮面，让画面立体感更强。

用大笔触画出树木和街道的大致明暗关系，再以纸擦笔擦出画面柔和感。

## 5.1.3 绘画步骤

2B铅笔

**1** 勾画出建筑的大致轮廓，注意建筑之间的透视关系。

10B铅笔

**2** 画出整个建筑的暗面与灰面部分。

**3** 用纸擦笔擦出暗面部分与灰面部分，同时留出亮面，使画面更加柔和。

10B铅笔

4 继续加深整体的暗面部分，让画面更具立体感。用橡皮提亮树木和建筑暗面的亮面部分。

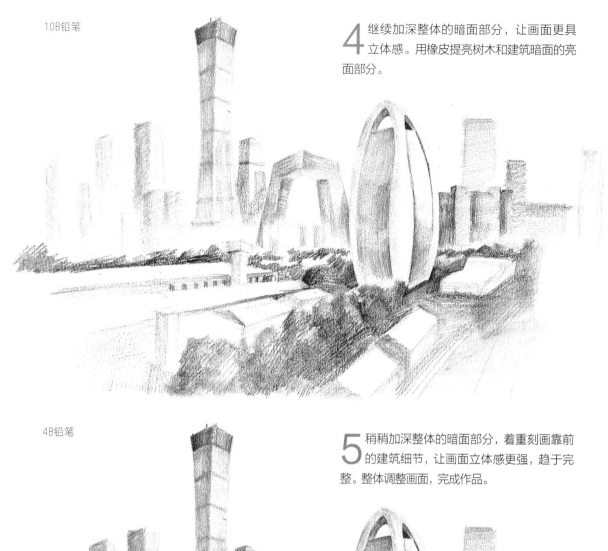

4B铅笔

5 稍稍加深整体的暗面部分，着重刻画靠前的建筑细节，让画面立体感更强，趋于完整。整体调整画面，完成作品。

# 5.2 颐和园

颐和园是清代皇家园林，前身为清漪园，占地约290公顷，与圆明园毗邻。它是以昆明湖、万寿山为基址，以杭州西湖为蓝本，汲取江南园林的设计手法而建成的一座大型山水园林，也是保存最完整的一座皇家行宫御苑，被誉为"皇家园林博物馆"，是国家重点旅游景点。

## 5.2.1 建筑特色

颐和园自万寿山顶的智慧海向下，从佛香阁、德辉殿、排云殿、排云门到云辉玉宇坊，构成一条层次分明的中轴线。山下是一条长七百多米的长廊，长廊前面是昆明湖。颐和园整个园林艺术构思巧妙，在中外园林艺术史上地位显著，是举世罕见的园林艺术杰作。

## 5.2.2 绘画要点

从整体上把握主体建筑与周边建筑的关系，表现出植物的明暗对比，衬托主体建筑。

注意建筑物门窗的暗面部分，笔触颜色应有深浅之分，体现出建筑的空间感。根据屋檐结构走向耐心刻画屋檐的暗面，并随山体走向画出笔触走向。中间山体部分：后面的调子最深，前面的递减，亮面用橡皮提亮。最后面的山体用纸擦笔擦出虚化效果。

加深建筑及墙体与后面山体衔接处的调子，以烘托出建筑主体的立体效果。

### 5.2.3 绘画步骤

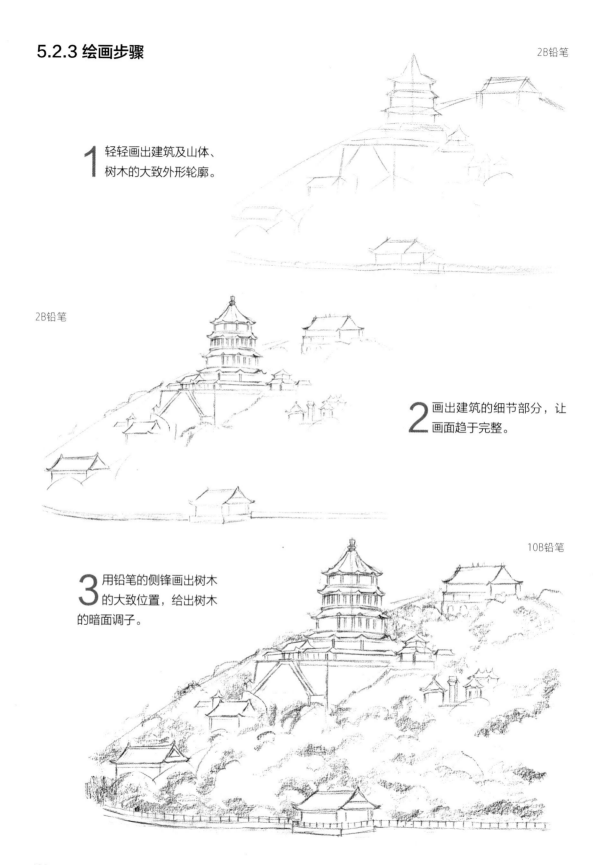

2B铅笔

**1** 轻轻画出建筑及山体、树木的大致外形轮廓。

2B铅笔

**2** 画出建筑的细节部分，让画面趋于完整。

10B铅笔

**3** 用铅笔的侧锋画出树木的大致位置，给出树木的暗面调子。

4 用纸擦笔擦出树木的暗面，捎带擦出建筑的暗面，使画面灰度更柔和。

4B铅笔

5 用铅笔加深建筑的窗户、门、墙面等暗面部分。

6B铅笔

6 用铅笔加深建筑屋檐和中间建筑后面山体的暗面部分，同样要表现出调子的深浅变化。

**7** 向右画出山体及建筑的黑、白、灰三大面，留出亮面，加深暗面，表现出画面的空间感。

4B铅笔

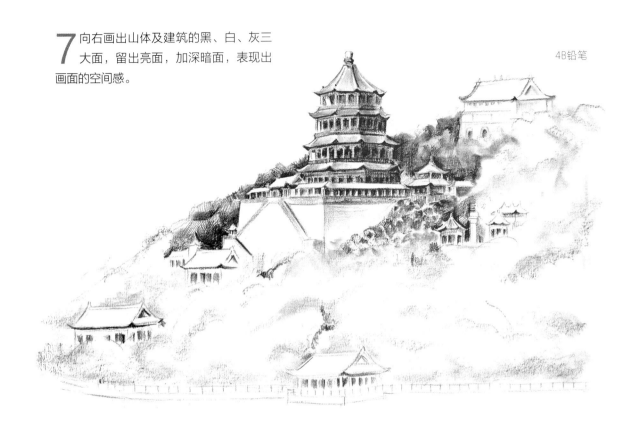

4B铅笔

**8** 画出左侧建筑及山体和最前面的建筑及后方的山体，要留出亮面。笔触与山体结构走向一致。

**9** 加深山腰间的树木和后方的建筑、树木，还有前面山体灰面部分的调子，再用纸擦笔擦出后面山体的暗面，让画面更和谐。

6B铅笔

**10** 再次画出整个山体的暗面和灰面部分的调子，让画面更完整。

4B铅笔

# 5.3 南昌巷子

巷子，北京人叫胡同，是中国老城区的主要城建形式。中国古代和近代的房屋主要是砖木结构，消防设施匮乏，消防能力很差。为此，只好在建造房子时多留些消防通道，防止火势蔓延。这就是巷子形成的主要原因之一。

### 5.3.1 建筑特色

巷子是南昌这个古老又年轻的城市往昔的缩影，一个记忆深处的符号。南昌的巷子深邃、古朴、饱经风霜，巷子两边那些古老的房屋和院子、老麻石板铺成的巷路，典藏着岁月的痕迹，讲述着生活中的故事，也收藏着很多扑朔迷离的传说。

### 5.3.2 绘画要点

这幅画的透视变化强烈，难点在于掌握好透视变化。

先确定出左右建筑的大致明暗关系，再画出建筑的窗户，注意近大远小的透视关系及窗户的明暗变化。

建筑底部的整体色调较暗，区分大致明暗面即可。线条要轻弛，注意空间关系。最后留出亮面。

人物部分的用笔要随意洒脱，体现灵活感。再以松弛的线条区分出大致明暗效果即可。

124

### 5.3.3 绘画步骤

2B铅笔

4B铅笔

1 起形，确定画面中心位置。注意在构图时对画面上下位置的把控，太小会很空，太大会很拥挤。

2 先画左边的建筑，由远及近，用笔的侧锋画出暗部，不追求细节的刻画。

4B铅笔

4B铅笔

3 大面积涂色后，刻画一些细节，此时不可能面面俱到，要有取舍，取突出的、有特征的细节，舍掉不重要、影响画面的细节。

4 继续刻画并延伸到画面底部，增加一些近处的景物，依然不要刻画细节。

4B铅笔

5 画右边的建筑，注意整体的透视
变化。黑、白、灰的对比要明
确，亮部直接留白。

6 用纸擦笔擦拭暗部的调子，增
加一些细节，使画面更充分、
柔和。

7 加深远处建筑的颜色，使画面有纵深感，再整体调整画面，完成作品。

# 5.4 苏州园林

苏州古典园林，是世界文化遗产、中国十大风景名胜之一。苏州古典园林素有"园林之城"之称，享有"江南园林甲天下，苏州园林甲江南"之美誉。

苏州古典园林始于春秋时期吴国建都姑苏时，形成于五代，成熟于宋代，兴旺鼎盛于明清。苏州古典园林在世界造园史上有其独特的历史地位和价值，它以写意山水的高超艺术手法，蕴含浓厚的中国传统思想和文化内涵，是东方文明的造园艺术典范，是中华园林文化的翘楚和骄傲，也是中国园林的杰出代表。

## 5.4.1 建筑特色

苏州园林的布局疏密自然，其特点是以水为主，水面广阔，景色平淡天真、疏朗自然。它以池水为中心，楼阁轩榭建在池的周围，其间有漏窗、回廊相连，园内的山石、古木、绿竹、花卉，构成了一幅幽远宁静的画面，把风景诗、山水画的意境和自然环境再现于园中，富有诗情画意，建筑仿佛浮于水面，加上木映花承，在不同境界中产生不同的艺术情趣，如夏日蕉廊，冬日梅影雪月，春日繁花丽日，秋日红蓼芦塘，无不四时宜人。

## 5.4.2 绘画要点

这幅画的难点在于画面的轻重缓急和布局安排的处理。要大胆舍弃不需要的细节，突出主体物，控制住画面节奏。

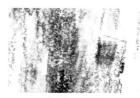

画出树干的大致明暗面，注意表现出树木质感，线条与树干结构一致。

轻松地勾画出石头的轮廓线，注意线条的穿插关系要体现石头的大致结构，再画出明暗关系。

以长直线画出水面，区分大致的明暗面。

## 5.4.3 绘画步骤

1 从左边的建筑开始起稿，注意使主体物突出，强化对比效果。

4B铅笔

2 由最深的房檐开始画调子，向周边扩散，逐渐减轻颜色的对比，这样才能突出亭子的效果。

4B铅笔　6B铅笔

3 用4B铅笔向右画出远处的建筑和植物，要虚化处理，灰度不能太深，要突出左边的建筑。用6B铅笔加深右边高处亭子的调子，和左边相呼应。

6B铅笔

4 增加周围的景物，加深水面的颜色，注意倒影要灵活处理。

4B铅笔

5 整体效果出来后再增加一些细节，比如石头的细节，远处和近处植物的细节。

4B铅笔

6 用笔的侧锋画远处树木，用纸擦笔涂擦水面和石头，完成作品。

# 5.5 滕王阁

唐朝贞观年间，唐太宗李世民的弟弟李元婴被封为滕王。他于封地（今山东滕州）建了一阁楼，名曰"滕王阁"，后被调往江南洪州（今江西南昌）任都督。因李元婴思念故地滕州，故在洪州修筑了第二处滕王阁，也就是今天江南三大名楼之一的滕王阁。

## 5.5.1 建筑特色

滕王阁建成后，历经宋、元、明、清多个朝代，历次兴废，先后修葺达28次之多，建筑规制也多有变化，逐渐形成以阁为主体的建筑群，富丽堂皇之形貌，宏伟壮观之气势被誉为"历代滕王阁之冠"。现今的滕王阁为宋式建筑，唐宋一脉相承，宋代建筑是唐代建筑的继承和发展。宋代的楼阁建筑极窈窕多姿，建筑艺术造型达到极高成就。

## 5.5.2 绘画要点

这幅画的难度在于建筑物的透视表现，以及由近及远的虚实变化的处理。

树木群以松弛而流畅的短线条画出大致的明暗关系。

建筑群须注意前实后虚的空间关系，最近处的建筑刻画得最细致。

最近处的屋顶，其屋檐上的装饰线须按照屋顶"八"字的走向而画，再区分出大致的明暗关系。右侧屋顶的明暗变化更细致，需留出亮面。

### 5.5.3 绘画步骤

硬性炭笔　　　　　　　　　　硬性炭笔

1 用炭笔起形，确定出近处主体物的位置，注意画面构图，为左边的建筑留出空间。

2 画出近处建筑的基本造型，注意建筑的透视变化。

中性炭笔

中性炭笔

3 开始给建筑顶部上较深的灰度。

4 添加顶部细节，增加树木。注意用笔的侧锋画树木，再用纸擦笔擦拭，使其呈现出立体感。

中性炭笔

**5** 画完近处建筑后，以同样的方
法向远处延伸画远景，远处建
筑整体的灰度要比前面的浅。

中性炭笔

**6** 注意，画最远处的
建筑和树木时，画
面是层层递进的。远处
建筑和树木的灰度逐渐
减弱，整体调整画面的
灰度和节奏，加强近处
建筑的灰度对比，完成
作品。

133

# 5.6 布达拉宫

　　布达拉宫是世界上海拔最高，集宫殿、城堡和寺院于一体的宏伟建筑，也是中国西藏最庞大、最完整的古代宫堡建筑群。布达拉宫依山垒砌，群楼重叠，是藏式古建筑的杰出代表，中华民族古建筑的精华之作。由于这里是藏传佛教的圣地，每年来这里的朝圣者及观光者不计其数。

## 5.6.1 建筑特色

　　布达拉宫依山建造，由白宫、红宫两大部分和与之相配合的各种建筑组成。在历代不同时期均十分巧妙地利用山形地势修建，使整座宫寺建筑显得宏伟壮观，而又协调完整，在建筑艺术的美学成就上达到了无比的高度。不论是其石木交错的建筑方式，还是宫殿本身所蕴藏的文化内涵，我们都能感受到它的独特性。

## 5.6.2 绘画要点

　　注意从整体上把握建筑的结构及透视的变化。

　　在绘制建筑的整体窗户部分时，注意整体的近大远小透视关系。同时也要注意整体窗户的明暗变化和每个窗户的细微明暗变化。

　　画出山体大致的明暗面，再用纸擦笔擦出柔和感，山体最暗面的线条与山体结构一致。

　　画出扶手后，用斜切的硬橡皮擦出亮面。

　　注意窗户和屋顶的调子有深浅变化，尤其是窗户调子的处理更要有耐心。

　　注意每个建筑有前后之分，窗户的调子在整体和局部上也有深浅不一的变化，这会让建筑物的空间效果更明显。

## 5.6.3 绘画步骤

2B铅笔

**1** 勾画出建筑的大致轮廓线，落笔力度要轻，确定出建筑的位置。轻轻画出建筑物的几根主要结构线和山体、台阶的大致轮廓线，注意建筑物之间的穿插关系。

2B铅笔

**2** 刻画出建筑的细节和台阶部分。完善整个建筑细节和山体、台阶，让画面趋于完整。

10B铅笔

**3** 画出建筑、山体及台阶的暗面调子，再用纸擦笔擦出画面柔和感，留出亮面部分。

4B铅笔

**4** 画出建筑、台阶和山体的灰面部分的调子，耐心细致地画出屋顶、窗户、台阶的固有色，逐渐加深即可。

6B铅笔

**5** 加深整个建筑暗面部分的调子，让画面的立体效果更明显。

4B铅笔

**6** 以同样的方法画出中间建筑和右边建筑的窗户。

10B铅笔

7 画出山体上的树木，再用调子加深暗面部分。

8 用纸擦笔擦出山体的暗面部分，使画面的灰度更加柔和。

10B铅笔

9 再次加深山体的暗面和树木，让画面更加完整。

**10** 用纸擦笔再次擦出山体和树木的暗面，使画面更和谐，对比更强烈。

4B铅笔

**11** 丰富山体和台阶的细节，注意调子要细。完成作品。

# 5.7 胡同一角

胡同，也叫"里弄（lòng）""巷弄""巷"，是指城镇或乡村里主要街道之间的、比较小的街道，一直通向居民区的内部。它是沟通当地交通不可或缺的一部分。根据道路通达情况，胡同分为死胡同和活胡同。前者只有一个开口，末端深入居民区，并且在其内部中断；而后者则沟通两条或者更多条主干街道。胡同是北京、苏州的一大特色。

## 5.7.1 建筑特色

北京的古都文化包含"胡同"这一特殊的文化符号。来到北京的游客，经常问到的一个问题就是"北京的胡同在哪里"。北京胡同最早起源于元代，历史最早的是朝阳门内大街和东四之间的一片胡同，规划相当整齐，胡同与胡同之间的距离大致相同。东西走向的一般为胡同，相对较窄，以走人为主，胡同两边一般都是四合院。大大小小的四合院一个紧挨一个排列起来，它们之间的通道就是胡同。

## 5.7.2 绘画要点

这幅画表现的是胡同的一角，重点在于通过黑、白、灰的对比表现出墙体的斑驳之感。

房屋墙体高低错落，墙面的砖块须以松弛的线条勾画出来，并画出大致的明暗关系。墙体顶部屋檐和底部砖块、草丛部分，要加深灰度，让画面立体效果更强。

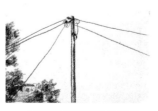

电线杆电线部分的线条，要表现出松弛、流畅之感。

树冠部分须用炭笔的侧锋画出来，分出大致的明暗面。

### 5.7.3 绘画步骤

硬性炭笔

**1** 用炭笔轻轻画出墙体、树干和电线杆的主要位置及轮廓。

软性炭笔

**2** 用炭笔加深墙体、树干等物体的暗面部分，再轻轻画出画中的灰面部分，留出亮面，使画面黑、白、灰分明，初现立体效果。

3 用炭笔画出树叶部分的暗面与灰面，注意灰度的深浅变化。然后画出电线和电线杆的暗面，轻轻画出大门周围的石砖，再加深树木左侧墙体的调子。

中性炭笔

4 用稍浅一点的笔触画出树木和右边墙体的调子，让画面的空间感更明确，再轻轻勾画出中间及右边部分的石砖。最后刻画剩余的细节，让画面更完整，完成作品。

# 5.8 正定长乐门

正定长乐门保存较为完整，城门及旁边的墙都用青砖砌成，大部分是新的，也有一部分是旧砖，上面坑坑洼洼。在城墙脚还能看到磨得发亮的条石，上面有各色花纹。门洞东面还有朱红色的大门，上面包着铁钉，西面用铁栅栏围着，面对着一个狭小的广场。

作为当年把守山西到华北门户的城池，曾经商旅不绝，无法想象当年的骡马声中又有多少人在此停留歇脚，繁华了那个曾经的时代。

## 5.8.1 建筑特色

正定古城墙，高约十一米，上宽约七米，周长十二千米。城设四门，各门皆有月城、瓮城和内城三道城门。长乐门是正定古城墙其中的一个建筑，城墙高十多米，两侧各有五十多米的城墙。夜幕降临，华灯璀璨，古城、古寺、古塔流光溢彩，置身其中，如梦似幻，宛如画中游。

## 5.8.2 绘画要点

这幅画的难点在于透视角度很大，在仰视的角度下表现建筑时一定要控制好建筑的透视变化。

同理，第二层建筑及灯笼等也须表现出空间透视感，再画出明暗关系。

顶层建筑要体现近大远小的透视关系，区分出大致的明暗面。

城墙部分画出大致的明暗关系即可，注意线条的方向。

## 5.8.3 绘画步骤

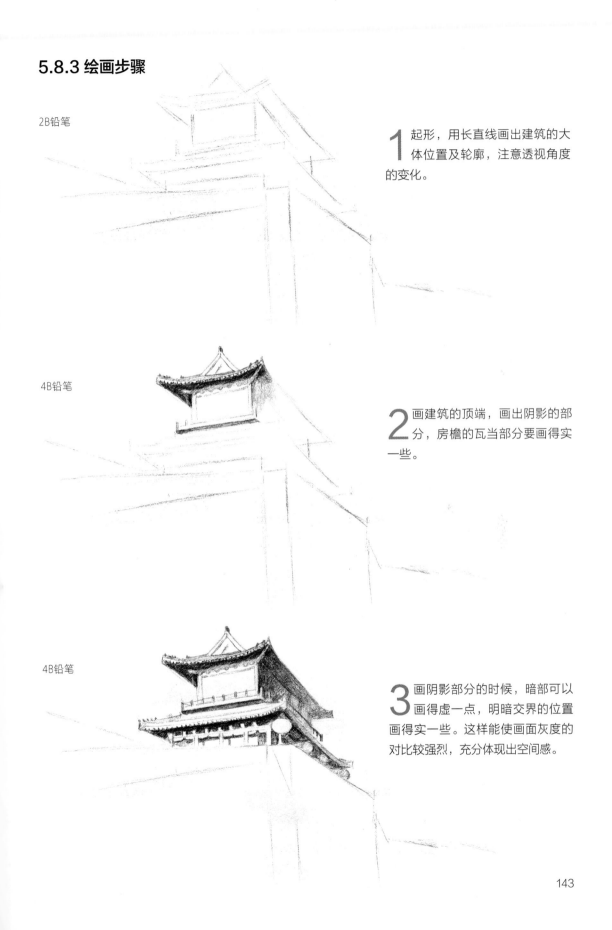

2B铅笔

1 起形，用长直线画出建筑的大体位置及轮廓，注意透视角度的变化。

4B铅笔

2 画建筑的顶端，画出阴影的部分，房檐的瓦当部分要画得实一些。

4B铅笔

3 画阴影部分的时候，暗部可以画得虚一点，明暗交界的位置画得实一些。这样能使画面灰度的对比较强烈，充分体现出空间感。

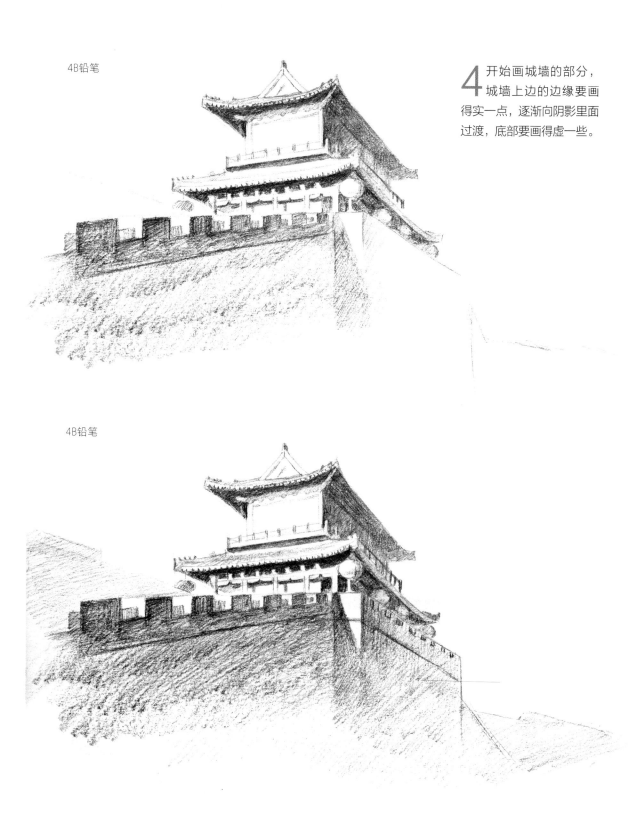

4B铅笔

4 开始画城墙的部分，城墙上边的边缘要画得实一点，逐渐向阴影里面过渡，底部要画得虚一些。

4B铅笔

5 继续画完城墙的暗部，注意明暗交界位置深浅的对比，不要过于黑，注意和主体建筑灰度最深部分的对比。把周围环境都画完之后整体调整画面，完成作品。

# 5.9 建筑组合

中外古代建筑艺术博大精深，建筑形制都是根据各自的文化差异和实际情况来决定的。中国古代建筑多为木质结构，而外国古代建筑多为砖石结构。把这些具有各自特色的建筑结合在一起，其视觉感受一定别具一格，有创意、有新意。

## 5.9.1 建筑特色

从右图中，我们可以清晰地看到中国古代木质建筑、荷兰大风车、中国徽派马头墙、哥特式建筑等建筑形式……

## 5.9.2 绘画要点

这幅画的难点在于不同形式的建筑的组合与排列，以及前后空间的把握，每个建筑的透视和细节要合理。

在建筑群中，最前面两个建筑较后面的建筑精细，体现了近实远虚的透视关系。建筑屋顶的装饰线条方向须随屋顶的圆形结构而走。

前面木屋的线条多为垂线，后面砖体建筑的线条多为短直线，要刻画出木屋和砖体建筑的质感。另外注意木屋要较后面建筑画得更精细，体现出前实后虚的透视感。

以松弛的线条勾画出台阶大致的外形和土地部分大致的明暗面，强调出台阶和土地衔接处的暗面，最后用纸擦笔擦出画面柔和感。

### 5.9.3 绘画步骤

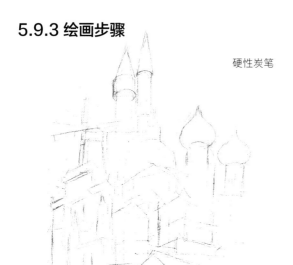

硬性炭笔

硬性炭笔

1 用炭笔起稿，构好图后，先大概标记出每个建筑的位置。注意不同建筑物之间的大小对比，以及透视变化。

2 画最上方的建筑，用笔力度要轻一些，画出一点细节就可以。

硬性炭笔

中性炭笔

3 画前端的木屋时要注意仰视角度下的透视表现，细节要符合透视变化，先画些线性的细节。

4 开始画出暗部的深色，然后逐渐向亮部过渡，细节开始增多，要耐心区分。

中性炭笔

**5** 增加细节，画出木板的质感，添加后面的台阶。

中性炭笔

中性炭笔

**6** 开始画中间右侧的仿古建筑，注意和下方木屋的透视对比及变化，增强透视感。建筑细节很多，尽可能都画出来。

**7** 画旁边的建筑时，先画木质结构的细节，再轻轻地涂暗部，不要太深。

147

8 开始画左边的建筑，注意透视感的表达。下方的欧式建筑细节繁多，要仔细画出细节，再看明暗变化。

硬性炭笔

硬性炭笔

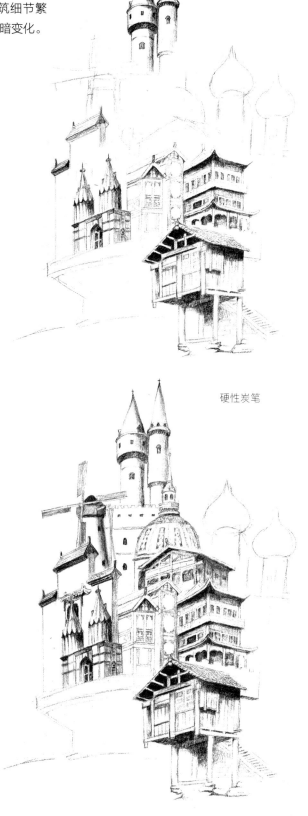

9 把后面徽派建筑的细节补完，注意明暗的对比不要太强烈。

硬性炭笔

10 完善中景建筑的细节。画圆顶建筑先要把造型画准，然后逐渐增加细节。注意风车的细节不要画得太深。让整个画面前方的建筑的灰度深一些，后面建筑的颜色稍微浅一点。

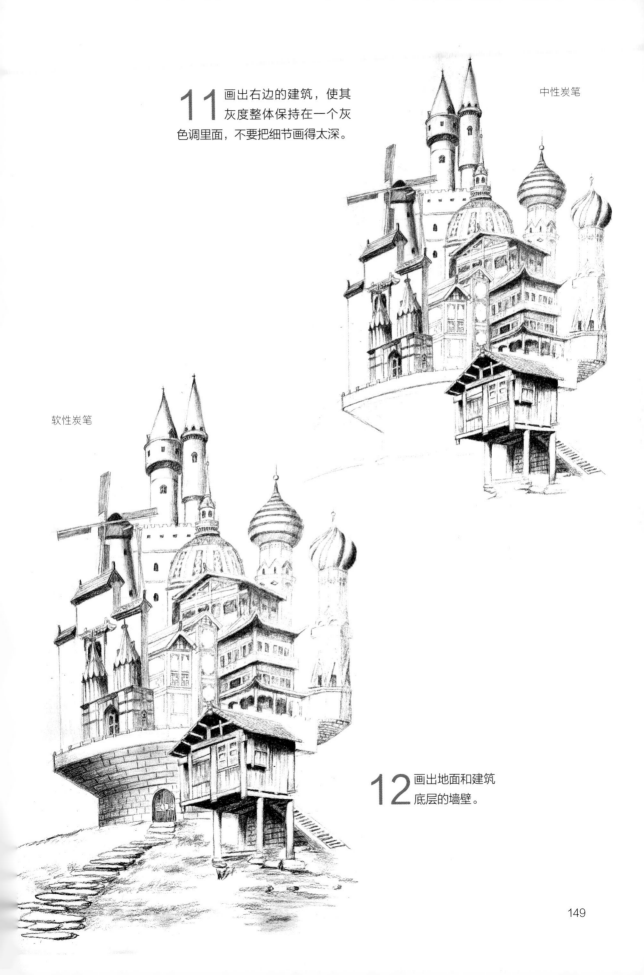

**11** 画出右边的建筑，使其
灰度整体保持在一个灰
色调里面，不要把细节画得太深。

中性炭笔

软性炭笔

**12** 画出地面和建筑
底层的墙壁。

149

13 整体调整画面，完成作品。

中性炭笔